荷兰科普女王的动物书

极地的动物

〔荷〕彼彼·迪蒙·达克　著
〔荷〕马丁·范德林登　绘
蒋佳惠　译

人民文学出版社
PEOPLE'S LITERATURE PUBLISHING HOUSE

著作权合同登记号 图字 01-2020-1424

Winterdieren
Copyright text © 2011 by Bibi Dumon Tak.
Copyright illustrations © 2011 by Martijn van der Linden.
Amsterdam, Em. Querido's Kinderboeken Uitgeverij

图书在版编目（ＣＩＰ）数据

极地的动物 /（荷）彼彼·迪蒙·达克著;（荷）马
丁·范德林登绘;蒋佳惠译. –– 北京 : 人民文学出版
社, 2021
（荷兰科普女王的动物书）
ISBN 978–7–02–016239–0

Ⅰ.①极… Ⅱ.①彼… ②马… ③蒋… Ⅲ.①极地 –
动物 – 儿童读物 Ⅳ.①Q958.36–49

中国版本图书馆 CIP 数据核字 (2020) 第 071301 号

责任编辑　甘　慧　张晓清
装帧设计　李苗苗

出版发行　人民文学出版社
社　　址　北京市朝内大街 166 号
邮政编码　100705
网　　址　http://www.rw-cn.com
印　　刷　上海利丰雅高印刷有限公司
经　　销　全国新华书店等
字　　数　78 千字
开　　本　890 毫米 ×1240 毫米 1/32
印　　张　4.5
版　　次　2021 年 1 月北京第 1 版
印　　次　2021 年 1 月第 1 次印刷
书　　号　978-7-02-016239-0
定　　价　45.00 元

如有印装质量问题，请与本社图书销售中心调换。电话: 010-65233595

目录

警告

看书之前先听我说。

这本书里记录了居住在地球南北极以及周围地区的动物。它们十分热爱太阳，只不过，那里的阳光一定很寒冷，它可以让你的头发一根根全都竖起米。

所以，你要是受不了零下 20 摄氏度的气温，那就带上行李，找个暖和的地方待着去吧。实在受不了了，就买一个冰激凌。别再惦记真正的寒冷了。

北极

与南极

中间地带的全都不算。

　　从来没有过白纸黑字的记载，也没有任何一位国王这样说过，不过，每个人都知道：北极和南极是地球的父亲和母亲。它们把地球维系成一个整体，分别待在头顶上和脚底下。要是没有它们，我们早就到太空里流浪去了。

　　那里永远都冷冰冰的。那可不是一般的冷，而是冰天雪地的冷。无论是夏季还是冬季，都像开着的冰柜。因此，几乎没有人愿意到两极去看上一眼，毕竟谁也不愿意自己的鼻子里挂着冰柱，就连胡须也被冻得硬邦邦的。

　　世界的顶部和底部全都空荡荡、白茫茫的，那里只生活着一些动物，还有屈指可数的几个人。那些人偏偏喜欢冷冰冰、光秃秃的平原。

北极周边的地区还有另外一个名字，那就是它的别名——地球之冠。荷兰语中，"北极"这个词起源于希腊语，在希腊语里，它的意思是"熊"。北极之所以叫北极，与生活在那里的北极熊没有任何关系，要知道，古时候的希腊人对它们可一无所知。它之所以叫这个名字，是因为北方的天空中，有两个耀眼的星座随处可见——大熊星座和小熊星座。旅行者们要细心留意这两个星座，以免迷路。于是，"北极"这个名字就横空出世了。

　　南方的天空中是看不见这两个星座的，于是，"南极"就有了它的名字——熊的反面。

　　那里冷冰冰的，那里白茫茫的，南北两极都只有两个季节——夏季和冬季。然而，除此之外，它们有着天壤之别。

　　北极是水，是冰冷的海水，围绕在它四周的是陆地，南极却恰恰是被水包围的陆地。北极的外围是俄罗斯、加拿大、挪威、格陵兰岛和阿拉斯加，而环绕南极的则是南冰洋。

　　每到夏天，随着部分浮冰的消融，北极也会大面积萎缩，所以，我们没法知道北极到底有多大。由于北极漂浮在水面上，又会小幅度地移动，所以，那上面不能盖房子。南极倒是可以，那里居住着来自各个国家的研究人员。他们丝毫不用担心自己的房子会突然消失在海洋里。那层冰少说也有一千米厚，下面还有一个石头底座。

　　南极的面积比欧洲大一点点，那里比北极冷多了，原因就在于它的石头基座。当地最低气温的记录是 1983 年创下的零下 89.2 摄氏度。由于北极的浮冰下都是水，而不是石头，所以，北极的冬天比南极略微暖和一些。

不可思议的寒冷使得南极成了一个无人居住的地区，唯一的例外就是在那里做短期停留的研究人员。北极圈内则居住着因纽特人。虽然他们抵御不了南极的寒冷，但是，零下 40 摄氏度对于他们来说，连眼睛都不会眨一下。

最后该说说动物们了，毕竟它们才是这本书的主角。企鹅住在南极，北极周边见不到它们的踪影。生活在北极的是陆生哺乳动物，例如北极熊和北极狐，它们不生活在南极。

两极的附近都生活着鱼、海豹、鸟和鲸鱼，不过，它们的种类可不一样。全世界只有一种动物同时生活在南北两极：半年北极，半年南极。每一年，它们都在两极之间飞来飞去，循环往复，就像是接连探望地球的父亲和母亲。

为什么要这么做呢？因为父母之间总得知道对方在忙些什么。如果他们之间隔得很远，就像北极和南极一样，那么，他们就需要一位信使为他们传递讯息。就是这样。

所以说啊，北极和南极把地球维系成一个整体。然而，令地球昼夜转动不息的却是一只轻盈的小鸟 *。

---

* 你问那只轻盈的小鸟叫什么？翻到第78页就知道啦。

6

狼

听听!

好好听听啊!

风不住地咆哮，它吹裂了树干，折断了树枝，狂风卷着雪花翻滚，以移山倒海的速度席卷大地，然而，风的咆哮声中还夹杂着另外一个声音。那个声音很尖，它从四面八方传来，变幻无穷，就像一道迷了路的回声，无休无止。那是什么？那个声音是从哪里传来的？难道是幽灵在森林里游荡吗？

你所听到的声音来自狼族。父亲、母亲和数不尽的孩子彼此呼唤:"孩子啊,你在哪里?"

"父亲,我在这里!"

"女儿们呢?"

"在这里!"

"在这里!"

"我在这里!"

狼没有用来藏身的洞穴。无论白天还是黑夜,它们都毫无遮挡地生活在广阔的天空下。如果天气太恶劣,使得它们找不到彼此,它们就会发出呜咽声,让别人知道自己还活着。当这个家族在风暴过后重聚时,成员们会彼此送上热烈的问候。

父亲和母亲是一家之主,当孩子们前来报到时,它们会高高竖起尾巴。孩子们则把尾巴垂得低低的,舔着父母的嘴巴。

兄弟姐妹之间不得不为了老大的地位争斗一番。在家庭里,它们中的每一个都有专属于自己的地位,从高到低。

通常,某个年长的孩子会成为同辈中的老大。偶尔也会有某个兄弟或者姐妹试图篡权。每到那时,它们就会皱起嘴唇,不住地咆哮,直到它们中的一个仰面躺倒在地,说着:"好吧,兄弟,你赢了。"

家里的孩子们什么年纪的都有。最大的两岁,外加几个一岁的,当然也别忘了,还有一些小狼崽。算起来,孩子一共有三代,它们与父母一同构成了一个狼群。有时候,它们也会收留自己送上门来的狼。有时候,一个家庭会在老父亲去世后,迎来一位新的父亲。有时候，新来的母狼会把老母狼赶跑，取而代之。狼简直和人类一模一样，反过来说也成立。

噢，对了，再说说它们的呜咽声。狼并不是只有在彼此寻找的时候才呜咽，它们之所以这样做，是为了告诉不远处的邻居们：别想动我们的地盘，你们要是胆敢闯进我们家的森林，我们会把你们扒皮抽筋、生吞活剥了。

这么说来，同一个狼群中的成员不能用同一个音调呜咽，这就显得格外重要。要不然，从远处听起来，就好像它们的数量很少似的。假如一个狼群里有十二位成员，那么它们听上去就像是一个有十二个声部的合唱团。如果某一头幼狼的音高与它姐姐的重合了，那么它的姐姐就会立刻改变自己的音调。想想看吧，万一邻居们心里想：它们家只有十一口，一定可以拿下。冲啊！

从前……大约一百年前，人们在印度的丛林里发现了两个女孩，她们生活在狼群之中。没有人知道她们怎么会在那里，然而，几乎可以肯定，她们是靠喝母狼的奶活下来的。

研究人员把女孩们带回了人类的世界。她们两个有了各自的名字——阿玛拉和卡玛拉。她们只会手脚并用地爬行。她们所使用的语言是狼语。阿玛拉和卡玛拉很早就离世了。她们丝毫不能理解人类，或许留在原始森林里才是更好的选择。换个角度来说，人类也丝毫不能理解她们。

狼棒极了。

第一点：因为它们能唱出十二个声部来。

第二点：因为家里年龄较大的孩子会帮着抚养幼崽——哥哥们帮忙照看小孩，姐姐们通过喂奶来帮助母亲抚养它们。

第三点：因为它们可以凭借尿液的味道对一头陌生的狼做出准确的判断：这是一头三岁的母狼。它想要寻找一头公狼。它昨天才刚刚来过这里。万一它遇上妈妈，它们就该吵架了。不过，它闻起来不太强壮，不费吹灰之力就可以让它倒在地上。

第四点，也是很重要的一点：因为它们是我们亲爱的狗的超级（欢呼）特别（跳跃）远房（哇噢）老（啦啦啦）祖宗。狼是拉布拉多和哈巴狗的爷爷，光凭着一点，狼就已经够棒的了。毕竟，要是没有狗，人类该怎么办呢？

嗯？

没错，那就完蛋了。

然而，狼还是会被人猎杀，因为有些农民认为："它们把我们的奶牛都吃光了，还有我们的孩子。"的确，奶牛的事情真的发生过。可是那又怎么样？农民们原本就不应该让奶牛到狼的森林里去吃草。

但是，猎人们想怎么打就怎么打吧，反正他们是永远也不可能战胜狼的，因为狼聪明、灵敏，再艰苦的条件，它们都能生存下来。况且：你闻到过猎人的尿味吗？没错，几乎一点儿味道都没有，他就是这么逊。

帝企鹅

那是地球上最冷的地方，一年四季都是冰天雪地，得不到一缕阳光的照射，冰面昼夜不停地受着风的侵袭，就在那个地方，住着世界上最勇敢的动物——帝企鹅。

人们偶尔会说：阳光总在风雨后。这句话也许有道理，可是，当我们看到帝企鹅的一生时，就忍不住产生了一点儿怀疑。

当白天变得越来越短，这就意味着南极的冬天快要来临了。每到那时，企鹅就会上岸，开启回家的漫漫征程。家是它们的聚集地，雄企鹅和雌企鹅彼此相遇，组建成家庭。它们的家庭特别小，家里只有一个孩子。

回家的旅途很漫长，因为企鹅们不会飞。它们用双脚蹒跚，用肚子滑行，走了一里又一里，越过无边无际的冰原，直到它们感觉到：我们到家了。然后，它们就开始寻找恋人。

它们尽情地摇摆起来。假如两只企鹅互有好感，它们就会向对方弯腰，腰越弯越低，一直弯到它们的喙都碰到了地上。是时候舞出最后一曲了，那是爱的舞曲，雄企鹅借着这首舞曲让雌企鹅受孕。

过不了多久，雌企鹅就会产下一枚蛋。它把蛋夹在脚和肚子之间，把它保护得暖暖和和的，只不过，这样的时间不会持续很久。等蛋产完了，它就该给它的丈夫让路了。它十分缓慢地用喙把脚上的蛋推到地上，小心程度不亚于想要保存一个肥皂泡，它的丈夫立刻把蛋接到自己跟前，保管起来。

当雌企鹅看到自己的蛋平平安安的，它会道别，朝着大海出发。不过，它并不是孤身一人，它有阳光的伴随。

在极夜无尽的黑暗中，孵化期来临了。雄企鹅们就像冰封的护卫一般，围靠在一起，抵御寒冷。它们为什么就不能等到春天呢？它们为什么偏偏要在最天寒地冻的地方孵蛋呢？为什么？

因为这样的话，一旦温暖的肚子再也遮盖不住小企鹅的身体，它就可以在零下 20 摄氏度的夏天健康成长，用不着忍受零下 60 摄氏度的冬天了。于是，父亲们只好在空无一人的雪地荒漠里挤作一团。在那里，星星如同一道冰冷的光芒，昼夜闪烁。

这种没有人性的温度和无处不在的黑暗早就令我们人类失去了勇气，可是帝企鹅却不会丧失勇气。正是这一点让它们有别于普通的企鹅，成了帝企鹅。对它们来说，生活还有一线希望，那就是它们脚上那枚白色的蛋里跳动的小心脏。

九个星期过后，当一个小小的喙伸出时，做父亲的就会立刻弯下腰，把节省下来的最后一口食物喂到小企鹅的嘴里。接着就是等待——等待妈妈，等待阳光。

雌企鹅一回来，就开启了寻找丈夫和孩子的旅程。它的真命天子就在那成百上千，甚至是成千上万位跟跟跄跄的父亲之中。这一点，它很清楚。它一边拖着沉重的脚步在那些企鹅之间穿梭，一边不住地呼喊："我回来啦！我回来啦！"

孩子的父亲胡乱地回应道："我在这里。快来啊！我在这里！"

这样的状况持续了好一段时间，终于，它们找到了对方。雌企鹅一头栽到丈夫的两脚之间。它曾经交给丈夫一个蛋，现在怎么样了？

父亲抬了抬自己的肚子。那底下露出一个娇小的喙。瞧见了！母亲想要抱抱它的孩子。父亲带着几分不情愿，带着几分拖拉，带着几分不舍，把小企鹅从自己的怀抱里推出去，推到严寒的怀抱里。它们的孩子似乎迷茫了片刻，不过，母亲很快就把它接到了自己的脚上，然后张大嘴巴，它胃里装的食物足够吃上一个月了。

随后，丈夫就和它道别了。在刚认识的时候，它丈夫还是一个三十多公斤重的男子汉，可是眼下，它却变得骨瘦如柴，它需要赶紧回到大海里健体强身。

所有的雄企鹅都告别了自己的妻子和孩子。它们像士兵似的，整整齐齐地列队出发。它们跨过雄伟的冰山顶峰，穿越雪地、雪地，以及更多的雪地。太阳微微地浮出地平线，说道："孩子们，别磨磨蹭蹭的。加油，到这儿来。"

从前……在屏东动物园里，有一只帝企鹅失去了它的妻子。孵化期到来时，它想要另寻一只雌企鹅，可是，它怎么也找不到。于是，它便开始寻找一枚蛋。它往肚子底下塞了一块石头，然后开始孵蛋。饲养员们非常同情它，于是，他们给另一所动物园打了一个电话。那所动物园恰恰多了一只雌企鹅。于是，史上第一次出现了雄企鹅飞着去找雌企鹅的事件。只不过，它用的是别人的翅膀。

一个月之后，当雌企鹅的干粮见底时，它的丈夫就会出现在它面前，就这样，它们相互交替，一直坚持到夏天，等孩子上"托儿所"。直到那个时候，父母才能一块儿出门。等夏天过去，小企鹅身上的绒毛被暖和的羽毛取代，它就做好了第一次下水的准备。从那一刻起，它要自力更生了。

　　这就是世界上最勇敢的动物的一生。从后面看，它们是黑色的，从前面看，它们是白色的，好像在说：我们的羽毛里藏着冬天和夏天。六个月深色，六个月浅色。那么太阳呢？它一如既往地闪耀，因为我们的头上和胸前顶着橙色和黄色。

　　我们日日夜夜散发着光芒！

麝牛

哎哟，老天爷呀，这算是什么动物啊?! 外表邋里邋遢、层层叠叠，内心小心谨慎、因循守旧。从前，麝牛和猛犸象、披毛犀居住在一起，可如今，它们都不在了，永远都回不来了。麝牛却不一样，因为它是不可战胜的。

日复一日缠绕着它的寒冷并没有伤害它，麝牛有着全世界所有动物中最长的毛发。它的毛皮耷拉在身上，就像挂着一块破破烂烂的窗帘。每到秋天，长长的毛发底下都会重新长出额外的一层绒毛。夏天一到，这层绒毛就会脱落，那模样看上去就像是麝牛把全世界的蜘蛛网都扛在了背上。

一直以来，所有人都以为麝牛是一种牛，和奶牛是近亲。然而，当人们仔细查看、做了各种复杂的检查后，才突然发现：它是山羊的近亲。其实，人们早就应该猜到了，要知道，但凡听过刚出生的小麝牛喊妈妈的人都会知道：这不是哞哞叫，而是咩咩叫。

那些小牛犊非常小。谁也理解不了，像麝牛这样的巨兽怎么会生出这么迷你的小玩偶。即便周围是零下 50 摄氏度，无论是谁，只要一看到这个在雪地里蹦来蹦去的小不点儿，内心都会融化的。

每到深夜或是暴风雪到来的时候，小牛犊就会钻到母亲的窗帘底下，以保持体温，那里还能喝到热乎乎的奶。它们要足足喝上一整年的母乳，如果母亲不生新的小牛犊，就会喝得更久。

阅读有关麝牛的书籍时，总能见到这样的说法：它肥硕、臃肿、笨重，而且是一个小短腿。拜托！你要是把它的毛皮剃掉，就会发现面前的这个动物有多优雅了。也许比不上瞪羚，但也绝对不是什么在雪地里寸步难行的肥佬。好吧，它的外貌，怎么说呢，的确有点儿乱糟糟的，就好像它已经一百年没见过梳子和刷子了，简直就是一片被风吹乱的松树林长了脚。只不过，它有内在美……这一点不是众所周知的吗？

麝牛尽自己最大的努力保护它们的孩子。当它们遭受狼的袭击时，牛群就会围成一个圈，头朝外，屁股朝内。那是一座头上长角的堡垒。小牛犊们被围在中间，这样一来，它们得到了很好的保护。能冲破这堵围墙的家伙该有多聪明啊。

接着，夏天来了，雄麝牛的脑子里会出现一些好似疯癫的变化，它们突然对妻子产生了疯狂的爱恋，甚至爱得过度，爱到每一头雄麝牛都想拥有十个妻子。由于每一头雄麝牛都同样疯癫，因此，它们险些展开彼此厮杀。你简直无法相信自己的眼睛。

它们冲着彼此摇头晃脑，干枯的毛皮在身侧抖动。它们把角插进地里，希望能顶出一些土块，让它们原本就很庞大的体形看上去愈发健硕。接着，它们往前腿上尿尿。这是真的。它们就用这两条前腿四处踩跶，它们的脚踩在平原上，只有在稍纵即逝的七八月，那里才不被冰雪覆盖。

　　从前……有一个因纽特人发现了麝牛的毛发。那是麝牛所穿戴的，她把它称作奎卫特（毛丝），用它做了一顶帽子。那已经是很久很久以前的事情了。

　　现在，你可以在阿拉斯加买到用奎卫特制作而成的围巾和帽子。

那里养了数量稀少的麝牛，简直被当成了羊来养。它们的毛比丝绸更柔软，比羊毛更暖和，甚至暖和得多。一顶用奎卫特做成的帽子可以卖到150欧元。只不过，有了它，就等于脑袋上有了一层精心编织而成的蜘蛛网。

然后，斗志昂扬的雄麝牛们彼此对望着，它们的火爆脾气简直就像炸药包一样，一点就着。它们助跑几步，最终以五十公里的时速把两颗脑袋撞在一起。这声巨响传遍了方圆几公里。雄麝牛们斗个不停，直到其中一方获得胜利。结局来得很快，毕竟它们也只能助跑两三次而已，要不然，它们就要热爆了。你以为背上扛着这么一块毛毯容易吗？！

　　获胜者会赶跑所有的雄麝牛，召集起所有能召集到的雌麝牛，离开那里，去别的地方。它的面前还摆着一项艰巨的任务：让整个牛群怀孕。这是一个麻烦事儿，要知道，假如它想要跃上某个妻子的背，那么它身上似乎一百万公斤重的毛皮也不甘落后。

　　因此，雄麝牛的寿命比雌麝牛短。这一切癫狂渐渐地将它们拖垮。它们却乐在其中，因为当它们的生命走到尽头时，它们可以理直气壮地说出："我们度过了惊心动魄而且扣人心弦的一生。"

一角鲸

  这个海洋里的独角兽一头扎入荒芜、冰冷的大海深处，要是换作人类，早就化为泡沫了。潜水员会觉得透不过气来，因为那感觉就像是被一千公斤的泥土牢牢压住。可是，一角鲸却凭借着灵活的体腔和伶俐的血管，丝毫没有受到困扰。

  潜入水下之前，它会先深吸一口气，然后，它便沉入一片漆黑之中。深度超过一千米后，水压会变得很强，以致它的肋骨都凹进去了。这没什么大不了的，因为它们的肋骨很有弹性，不会断。它在伸手不见五指的黑暗里寻找食物。在它被迫浮回水面，换一口新鲜的空气之前，它有二十五分钟的时间。

  探索的途中，它把自己调到了省电模式，只把血液配送到必要的地方。身体的其他部位只能自食其力了。正是因为这样，一角鲸的潜水深度超越了地球上其他任何一种哺乳动物。

它热爱冰雪，热爱没日没夜地啃噬体内脂肪层的冰水。每当夏天来临，所有人都想着"终于看见太阳了"的时候，一角鲸却追随消逝的冰雪去了。一角鲸和冬天就像是一对密不可分的伴侣。

许多人都以为一角鲸的嘴长了一柄长矛，专门用来在冰面上凿窟窿，以便它随时随地都能呼吸到新鲜空气。这些人更确信它会在生命受到威胁的时候用它刺穿轮船、扎死北极熊，并且以为那柄长矛是一件危险的武器，每当它们与自己的同类争吵时，就会用它攻击对方。终于，有一组研究人员发现，它脑袋上的角根本是另一码事。

他们想要近距离地观察一下那玩意儿，因为还从来没有人在它们面前声称自己乘坐的船只受到了一角鲸的袭击。况且，也从来没有人见过任何一头北极熊身上被扎出洞来，又或是任何冰块突然被长矛戳穿。于是，研究人员押上了性命做赌注。

从前……英国有一位女王，名叫伊丽莎白一世。她收到一份礼物，价值抵得上一整座城堡，这份礼物就是独角兽的角。这个不可思议的角被做成了她的权杖。只不过，这个角并不是从独角兽身上割下来的，而是一角鲸的角。

每一头一角鲸的上颚都长有两颗牙齿，一旦雄一角鲸成年了，它们嘴巴的左侧就会长出长牙来。某一天，牙突然从嘴巴里冒了出来。你一定以为：撑死也就长一米吧?！才不是呢，这颗牙继续长啊长，转着圈儿地长到三米长，看上去就像一根长长的螺丝钉。

而研究人员们不知道，有通道贯穿了这颗螺旋形的牙齿：一千万条神经通道从内向外蜿蜒。也就是说，这颗牙齿不是武器，而是一个传感器。它是一根灵敏的触须，向主人通报说：你此时此刻所在的是北纬 79° 56′的巴伦支海，水深五百米，不过，要是你把脑袋探出水面的话，就能看见法兰士约瑟夫地群岛了，那附近有一群肥美的鱼，海水咸津津的，温度是零下 1摄氏度。这是世界上唯一可以同时测量这么多数据的传感器。

一角鲸有时独自出行；有时十头一组，成群结队出行；也偶尔会为了一场饕餮盛宴齐聚一堂。每到那时，成百上千头一角鲸在海面追逐，寻觅鲜嫩的鳕鱼。它们一边游，一边叽叽喳喳、嘻嘻哈哈、噼里啪啦地聊个没完。它们的动静听上去就像一座受到暴风雪侵袭的城堡，门窗砰砰作响。它们可真是热闹啊！

冰柜里的派对。你愿意参加吗？

顺便说一句，没有人会送你回家哦。

28

漂泊
信天翁

漂泊信天翁之所以叫漂泊信天翁，是有一定道理的。这种鸟的翅膀特别长，简直可以把半个班的人都揽进它洁白的胸膛。它住在……是啊，它到底住在哪儿啊？这么说吧：它哪儿也不住，因为天空就是它的家。

难道天空也能住吗？漂泊信天翁就能做到。它的一生都是在水面上空度过的。它最爱环绕南极洲的南冰洋海域，只不过，它也可以不费吹灰之力就一口气飞到澳大利亚附近的塔斯曼海或是巴西附近的大西洋海域。在有些人看来，去一趟路口的快餐店就已经够麻烦的了，他们宁愿叫外卖，可是，漂泊信天翁却能为了一口磷虾，面不改色心不跳地飞越一千公里。

不久之前还散播着一些有关漂泊信天翁的传闻，内容令人难以置信。传闻说，每当日出来临，它就会闭上眼睛，飘飘荡荡地进入梦乡；它从来不在白天吃东西，而是专挑半夜吃；它一边飞还一边做数学题：往左四米，往右五米，除以三，进两位……之所以做这么多，只是为了不在浩瀚的海洋上空迷路。

漂泊信天翁的心里是一清二楚的，它安安心心地在白天吃饭，想要睡觉的时候就漂浮在水面上。除此之外，它想飞多远就飞多远。没有家的人，自然也就不需要回家。无论人们是怎么看待它们的，它们都无所谓，只要能任由它们一连几个小时一动不动地像风筝似的迎风飘荡就足够了。

漂泊信天翁在海面上漂泊，只有在需要孵蛋的时候才会上岸。它们十岁时才筑起一生中的第一个巢穴，其实，那就是地上的一个小土堆，里面的空间正好能装下一枚蛋。

三个月后，等这枚蛋孵出来了，父母们就会轮番出门寻找食物，直到找来的食物基本够填饱肚子。它们的雏鸟长得好慢啊！它就不能长得快一点儿吗？

当然不能。

每只雏鸟都必须等身体两侧分别长出一只将近两米长的翅膀。说起来轻巧，谁敢亲自试试？少说也要一年的时间，孩子才能学会飞翔。在那之前，它的父母不得不帮它寻找食物，于是，它们的头都大了。它们只想离开这里！离开这个烦人的冰雪之岛，离开嗷嗷待哺的孩子。它们想要漂泊，由南向北，从东到西，不要结伴。想什么呢？！当然是独来独往！

于是，终有一天，当父亲离开后，母亲独自坐在地上，守候着它的雏鸟。突然，它感到一阵心烦意乱，于是便离开了。它把孩子丢下了！不管会不会下暴风雨，不管是零下 10 摄氏度还是零下 20 摄氏度，它脚底抹油开溜了。

有时候，父母一连几天都不回来，因为它们抵御不住徜徉的诱惑。无尽的远方、与风的抗衡……真是令人心旷神怡！无忧无虑地飞越新西兰后，它们突然大惊失色：啊，我还生了一只雏鸟呢。它在哪儿来着？哦，对了，西南方向，两千公里。我得立刻回去，看看它过得怎么样。

曾经有一个电影摄制组在某只孤独的雏鸟面前安放了一台摄像机，想要看看它是怎样受到照料的。一连几天，它都一动不动地等候父母。大雪恶狠狠地砸到它的脑袋上，眼看着它连鸟带巢都要被白雪淹没了。所有看到这一幕的人都哭得伤心欲绝。它还那么小、那么可爱、那么毛茸茸的，面对刺骨的寒冷，那么孤独。它待在自己的鸟巢里，那么乖巧。大家简直想要剥夺这对父母的抚养权。它们无时无刻不在无所事事，无时无刻不在风花雪月。然而，等到父亲和母亲回来了，小雏鸟就会抖落身上的白雪，张开嘴巴，一口气吞下一整条章鱼。

漂泊信天翁能活到六十岁，要是不趁早适应寂寞的话，就没法成为一名出色的浪子。这就是信天翁爸爸和信天翁妈妈给孩子们上的第一课。

从前……有一只海鸥。1977年，阿姆斯特丹的人们在挖掘地铁隧道时，发现了它的喙。那些人把这张喙与其他挖掘出来的东西存放在了一起。介绍牌上赫然写着：海鸥的喙。不久之前，有人说道："海鸥? 你是想说信天翁吧?!"你问这张喙是怎么来到这里的? 它是几百年前被海员们带回来的。

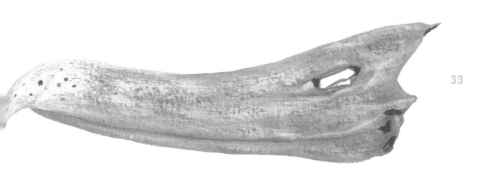

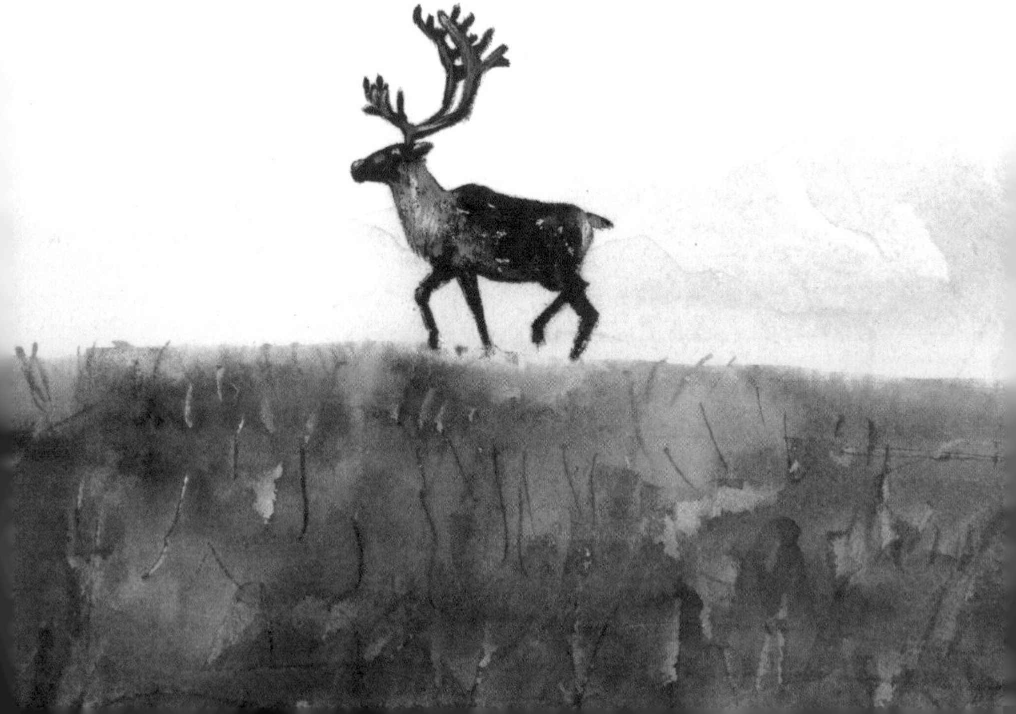

驯鹿

区区一种动物，居然涵盖了那么多精妙的心思。就连瑞典的家具天堂——宜家都能从它们身上学到不少东西。这套来自最北部的毛毛套装把所有设计师都远远地甩在了身后，甩得远远的！

驯鹿栖息在北方针叶林和冻原地带，那里的冬天是真正的冬天。那里的天空中绝没有雨夹雪飞舞飘零，也见不到半冰半水的湖泊，只有冰封脸颊的寒冷。因此，从技术层面看来，驯鹿的构成十分睿智：没有给冰雪之力留出任何能钻的缝隙和洞孔，它自带的工具简直令木匠眼红。

首先，每当冬季来临，驯鹿的蹄子就会被磨得无比锋利，每迈一步，蹄子就会在雪地里张开、扣紧。这样一来，它们就不会滑倒，也不会陷在雪地里。它们还可以用蹄子刮擦，这太方便了，要知道，它们的食物往往都深深地隐藏在雪地里，给力的鞋子是成功的一半。

再说说另外那一半。

沿着蹄子往上，紧接着的就是它们经过精心设计的毛皮。这身毛皮把驯鹿从头到脚包裹得严丝合缝，就连嘴唇上也毛发丛生。当然了，这身毛皮不是简简单单的毛皮。当暴风雪在平原上呼啸而过时，区区一条毛毯又能顶什么用呢？所以，驯鹿又往身上多套了一层。打底的那一层是用暖和的羊毛制成的，然后，它又在那外面穿上了一件空心毛做成的大衣。那些停留在空心毛里的空气有效地阻止热量离开身体。它和双层玻璃的原理是一样的：寒气待在外面，热气留在里面。

只要仔细观察，你就会发现，驯鹿其实应该停止呼吸才对。毕竟，吸入空气的同时，就等于把寒气收进了家门。

那该怎么办呢？

于是，驯鹿想出了一个办法——可以调节的鼻孔。

你一定会说：啊，那是不可能的。可是，这件事千真万确。驯鹿吸气的时候会撑开它的鼻孔，从而让寒冷的空气在鼻腔里接受一些预热，这样一来，就算是它的肺里吸满了新鲜氧气，它的体内依然是暖和的。

在驯鹿把这口气呼出来之前，它会先留下热量，吐出来的只剩下冰冷的气体。所以，你绝对不会看见它用鼻子喷出白色的雾气，这一点和我们很不一样，换作我们在冰面上聊天的话，就一定会呼出白气来。我们随随便便就把珍贵的热气赶出了体外，然后又用热腾腾的巧克力来弥补。

还有吗？

有啊，那就是它的脑袋，那上面顶着一对鹿角，你宁愿绕道五公里也不愿意靠近它。况且，头上长角的不仅是雄鹿，就连它们的妻子也不例外。这一点很独特，因为这在整个鹿科动物里都是绝无仅有的。

当秋天来临的时候，雄鹿们就会用这对鹿角相互打斗。越是强壮的雄鹿，得到的雌鹿也就越多。等所有的雌鹿都怀孕了，雄鹿们就会卸下身上的武器装备。它们轻装上阵，迎接冬天。雌鹿们却不一样：它们依然守护着自己的鹿角。这样一来，一整个冬天都是它们的天下。它们不仅要填饱自己的肚皮，还要照顾好肚子里的幼崽。为了给自己挣得足够的食物，它们不得不竖起鹿角，赶跑曾经深爱过的雄鹿。

说完了吗？

快了。

该不会还有什么不可思议的事情没说吧？

没有了，还真没有了。

什么？你该不会想说有什么能让驯鹿头疼的事情吧？

嗯，有时候，它们的一个零件好像会松动。

别扯了！

是真的。当一群驯鹿迎着风雪从你身旁走过时，你不仅能听到鹿蹄奔跑时发出的轻微的窸窸窣窣声，更能听到一阵噼里啪啦的声响，就像是缺了几颗螺丝钉似的，让人以为有什么地方没有拧紧。

谁也不知道这是怎么一回事，反正驯鹿的膝盖会咔咔作响。每当它们一路小跑的时候，动静就像是熊熊燃烧的炉火发出的噼啪声。

可能性有两种：

要么这台来自瑞典的"高配机器"在毛皮底下藏了小火炉，要么说不定它就是宜家设计师的产物。

从前……有一头名叫鲁道夫的驯鹿，它和另外八头驯鹿一起为圣诞老人拉雪橇。鲁道夫的鹿角漂亮极了。可是，什么样的驯鹿才会在冬天顶着鹿角呢？所以说，鲁道夫是一个女孩。

南极美露鳕

　　冬天来了，它真真正正地来了，带来了所有的冷酷。它露出雪白的爪子，带着刺骨的寒冷席卷着整个大地。那是真真正正的席卷。每个人都"哇"地张大了嘴，那是真真正正的"哇"，我们已经忘记了冬天的美丽。那么你呢？你弯着腰，怎么也打不开自行车的车锁。它被冻住了，冻得严严实实的。防冻剂在哪儿？

　　你一边伸出冻僵了的双手，在自行车棚里寻找那个小瓶子，一边想：那个南极美露鳕跟我这把被冻住的车锁之间又有什么关系呢？别再折腾那家伙了，它已经被冻得够惨的了。

　　南极美露鳕必须在零下2摄氏度的海水中挣扎着求生存。

它做什么都是慢动作，因此能在这样的温度下活得很好。就连它的心脏都是每六秒钟跳一下，一分钟才怦怦跳十下。

它就是这样，缓缓地在水中游动，拖着 1.5 米长、150 公斤重的身躯。人们无法理解，这么一个动物怎么没被冻死。心跳慢只是一方面，难道就没有别的了吗？

直到二十世纪，南极美露鳕才被人类发现。对于它的存在，我们的认知还不足一百年。之所以会这样，是因为它一直以来在亘古不变的冰面下，隐藏得太好了。不过，既然已经找到它了，那么我们就想知道关于它的一切。

教授们针对这个灰色的猎手开展了一场精确到微米的研究。最终，有关南极美露鳕本身的记载也无外乎纸上的一套公式。

"你有没有观察酶的分解？"

"观察过了，把 4.5 毫单位的 H_2O 翻倍 1.2 毫单位，且允许 0.3 毫单位的标准偏差，并将所得到的结果在配备好的 37 摄氏度的丙烯酰胺中放置 2 至 4 个小时，就能证明结果是正确的。"

"即便算上 2% 的 KCI 幅度也是这样吗？"

"不是，那样会得到 500 量浓度的 KCI+100 量浓度的 Tris-Hci，但是，必须充分考虑到可能出现的连锁聚合反应。"

"明白了，伙计。我们搞懂了。"

欢呼。

还真应该欢呼。

这些学者发现南极美露鳕的静脉中流淌着防冻剂，这玩意儿能够分解冰晶。对于住在南冰洋的人和想要打开被冻住的车锁的人来说，它正好能派上用场。

冬天来了，它真真正正地来了，带来了所有的冷酷。它露出雪白的爪子，带着刺骨的寒冷席卷着整个大地。那是真真正正的席卷。想想地球上最酷的动物，听听它的劝告：保持头脑的冷静，是真真正正的冷静，不要被酷寒击败，随时，我说的是随时随地，都别忘了在口袋里装一瓶防冻剂。

从前……一位渔民在南极洲的罗斯海撒下了渔网。夏天，那里有可能捕到南极美露鳕。当他收起其中一片渔网时，海水掀起波澜，汹涌澎湃。水面上出现了一个巨大的身影，那是一头罕见的巨枪乌贼，它正得意忘形地享用着一条被钩子困住的南极美露鳕。那位渔民和其他船员一起，把这个大家伙完好无损地拖上甲板。他们耗费了足足几个小时，才把这个猎物装上船。他们捕捉到的是有记载以来最大的乌贼。

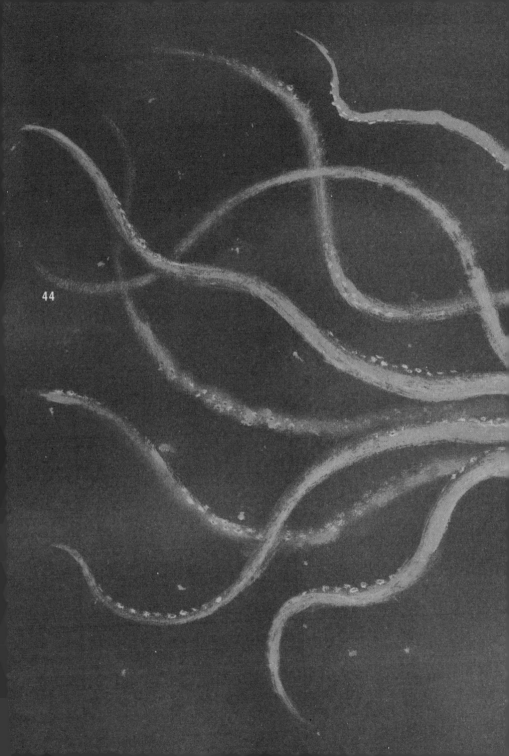

巨枪乌贼

长久以来，水手们只要一梦到某个巨大的怪兽，就会惊出一身冷汗。所有人都听说过那个怪兽，却没有人见过它。那个恶魔的眼睛大得像汤碗，不计其数的触腕冲破水面，径直伸向高高的天空。

它在水面上攫取一切能攫取的东西，它可是饿坏了。凭它那副爪子，抓住一条抹香鲸简直不在话下，这么说来，拿下装载十四个人的船又有什么难的？

1857 年，历史性的一刻到来了。捕鲸人正把一条抹香鲸开膛破肚，它的胃里还装着一头巨兽的残骸。看得出来，这里一定爆发过一场激烈的战斗，因为抹香鲸的表皮上布满了圆圈形状的伤痕。这些圆圈的大小恰好和它胃里那头怪兽触腕上的吸盘一模一样。

噩梦终于成为现实了：世界上的的确确有一些动物，它们的身体柔软得可以搂住一艘船，然后，猛地一下把它捣碎，拖到海底。

就算没被淹死，也会被一堆吸盘吸得牢牢的，它们绝不会让任何人、任何东西从它们的手里溜走。就这样，这个家伙终于有了自己的名字——巨乌贼。

六十五年过后，当捕鲸人又一次剖开一条抹香鲸的肚子，这一次，他们又有了新的发现。这一次出现在他们眼前的海洋怪兽不仅体型庞大，而且触腕上除了吸盘之外还有钩爪。

想想看吧：这种软体动物不仅可以牢牢地吸附在你身上，还能抛出几把锋利的钩子扎进你的肉里，从此死死地钉在你的身上。就算是身经百战的船员，再怎么异想天开也不可能梦到这样的场面。然而，这就是事实。这个恐怖的家伙甚至比巨乌贼还要大。那就只剩下一个名字可以为它命名了——巨枪乌贼。人类只能暗自祈祷，有生之年不会和它活生生地面对面。

这一幕终于还是发生了。那是在 2007 年，当时一艘渔船正在打捞渔网，渔网捕捉到了几条南极美露鳕。有一片渔网却怎么也收不上来，它重得出奇。当战利品接近水面时，海水不住地翻滚、旋转了起来。船员们看见的不是一个银灰色的猎物，而是一个猩红的、扭曲的大块头，它的身躯足足有一辆房车那么大。

那个身躯团团包裹着一条鳕鱼，怎么都不肯松手。于是，渔民们只好把那一大坨东西全都拖到船上。它成了人类见到过的第一条，也是最后一条活生生的巨枪乌贼。

它死在了甲板上，它刚刚死去，身上的红色就褪去了。而它的长度也慢吞吞地从整整十米缩成了四米。船员们在新西兰把它送上岸，随后，它就被埋没在一台冰柜里了。

直到一年之后，它才被解冻，拿去做研究。很快，生物学家们就发现，这个样本是雌性，体内还携带有大量卵子。它的眼睛和足球一样大，在黑暗中闪闪发光。

巨枪乌贼住在寒冷的南冰洋里，生活在深不见底的地方。那里一片漆黑，伸手不见五指。因此，很难在那里捕捉到猎物。巨枪乌贼可不会漫无目标地四下挥舞触腕，只为了碰碰运气，碰巧抓住一条鱼。它的大眼睛里长着内置的发光器，有了它，就能在黑暗中为自己照亮前方的路。它脑袋的每一侧都有一支手电筒。这倒是降低了狩猎的难度。不单单是这样，它还能及时发现天敌的出现，那就是抹香鲸。

眼看自己就要被吃掉了，乌贼会从它们的墨囊里喷出一股浓黑的液体。这么一来，它们就可以从敌人的眼皮子底下溜走了。可是，巨枪乌贼为什么要在深海里靠一团墨汁开溜呢？那里原本不就已经伸手不见五指了吗？

躺在新西兰那张解剖台上的巨枪乌贼身上有一个墨囊，虽然没能得到证实，可是研究人员依然坚信，墨汁里含有会发光的颗粒物。一旦有抹香鲸出现，巨枪乌贼就会朝黑暗中喷出一团亮光，当抹香鲸目瞪口呆地凝视着水底的烟火时，巨枪乌贼就可以趁机脚底抹油溜走了。

哎呀呀，是啊，只是它没有脚，它游走了，说不定还一边挥舞着流线型的巨腕。

对于这种动物，我们了解得很少，所以，有些方面只能靠猜。谁也不敢拍着胸脯说墨汁到底会不会放光。谁也不确定它们究竟是怎么在水底移动的；不确定它们眼睛里的光芒多么明亮；不确定它们是怎么生儿育女的；也不确定雄性巨枪乌贼的生殖器是不是真的有两米长。

我们能够确定的是巨枪乌贼十分喜欢南极美露鳕；确定它嘴巴的形状和鸟的嘴一样；确定它在压力大的时候会变成红色；确定它死去后，触腕会缩短；确定它的血不是红色的，而是蓝色的；也确定从前的水手们说得没错——深海里的确藏着一个随时随地可能显现的巨大秘密。谁也说不出任何与它相关的事情，这倒是很合乎情理，毕竟在水下遇见巨枪乌贼的机会一辈子大概也只有一次。

从前……有一头抹香鲸，它被捕捉上岸的时候，胃里还有几十张没消化完的乌贼嘴。这些嘴中，有几个是来自巨枪乌贼的。那几张嘴甚至比新西兰博物馆里展览的那个雌性巨枪乌贼的嘴还要大。这也就意味着我们压根没有见到过最最巨大的标本！

猞猁

所有的植物和动物都有一个官方的学名。它就像是护照上登记的名字，国际通用。这个名字往往又长又复杂。你可别以为这些名字是朗朗上口的。不过，对于全世界各地的学者和研究人员来说，有了这些名字还是很方便的。

假设某位来自明斯克的研究人员想要向利马的某位同行咨询一些关于巨枪乌贼的问题，他自然不能用自己的语言，要不然的话，利马所有的电脑都会崩溃的。可是，如果他说的是大王酸浆鱿，那么，地球另一端的人们就会回答："噢，这种动物有八条触腕、一张嘴，眼睛大得像飞盘。"

在这方面，猞猁是一个特例。无论是在荷兰语、英语还是法语中，它的学名和它的俗名都是一样的。它护照上登记的名字就是猞猁·猞猁。姓和名都一样。所以说，它护照上的名字就等同于它的乳名。

真够时髦的。

猞猁是一种高贵的动物，它的耳朵上长着簇毛，还有任何时候都梳得整整齐齐的络腮胡，就好像它随时随地准备要面见女王似的。然而，它并没有去面见女王，连想都没想。所有的体面都是为自己准备的。猞猁是一个自由自在的尤物，它从不面见任何人。它喜欢独自一人熠熠生辉。

它是猫科动物。只不过，它不会和猫一样躺在暖气片上，反倒喜欢迈着大长腿，在丛林里潜行。它耳朵上的簇毛可不是白长的。它们就像天线，有助于它的听觉。猞猁离不开这些天线，因为在雪地里蹦蹦跳跳的野兔很少发出噪声。一旦猞猁的双重接听触角探测到野兔的出没，那么野兔就玩完了。猞猁躲在大树上或是岩石后面，蓄势以待。时机一到，它就站起身来，猛地朝猎物扑去，伸出尖利的爪子掐住对方的脖子，朝着颈部又咬又啃。死翘翘了。

从前……有一位警察在费吕沃林区看见了一只长相酷似猫的动物。所有人都草木皆兵。它会是狮子吗？会是美洲狮吗？会是猞猁吗？会是野猫吗？整片荒野地区都被隔离了，还被手持武器的人重重包围起来。幸好谁也没有找到那只长相酷似猫的动物。正是因为这样，它也成了一个谜。之后，人们在林堡省发现了猞猁的踪迹。几乎可以肯定，它时不时就会造访我们的国家。在你读这篇文章的时候，说不定它已经在这里安家了呢。

每一年，雌猞猁都会生两到三个宝宝。这些宝宝要在母亲身边待足九个月的时间。等冬天到来的时候，它们就要给小弟弟和小妹妹们让位了。它们不得不去寻找自己的栖身之所。不是近在咫尺的地方，而是搬到远在天边的地方哦。这可不好办，因为无论在什么地方，新来的猞猁都是不受欢迎的。到处都挂着成年猞猁用便便和尿尿做成的牌子，告诫它们：滚开，小鬼！

所以，幼小的猞猁们总是在寻找一个没被占领的地方。这么一来，总会有猞猁住到离农庄太近的地方。对于猞猁来说，这没什么大不了的，反正羊和半驯化的驯鹿都算得上是美味佳肴。可是，身为这些动物的主人，农民们却对此深恶痛绝。不管猞猁高不高贵，他们都不愿意在自己的地盘上看见它们的身影。只不过，农民们的手头缺了一块用便便和尿尿做成的牌子，没法一清二楚地向房客进行说明。他们的手头只有武器。

然而，猞猁变得没那么容易被驱赶了，变得越来越勇敢。谁知道呢，说不定哪一天，这家伙就突然出现在你的眼皮子底下了。我说的可是真的呢！

如今的小崽子们已经敢走出拉布兰的大山了，它们急着离开特兰西瓦尼亚的森林，横渡斯洛伐克、立陶宛和克罗地亚的公路，穿越波兰的牧场，寻找一片新的天地。

它们的护照上不仅写着"极北地区"，如今还加盖了许多印章，有法国的，有德国的，有比利时的，还有……

荷兰的。

海象

由于雄兽和雌兽必须和对方在一起才能制造出小宝宝，所以，它们每一年都会一同居住一段时间，可是除此之外，海象们宁愿在各自的群体中独自生活。女生和女生在一起，男生和男生在一起。平日里没有花言巧语，也没有拌嘴斗舌。就这样，它们安安静静的，直到交配季节来临。

交配季节结束后，它们又分道扬镳了。雄兽们结伴离开，它们推推搡搡，为了争得阳光下最好的地点，巨大的獠牙连戳带扎。雌兽们也一样结伴离开。没有了丈夫们的抬杠，它们的耳根终于清净了。

从前……有一支著名的流行乐团，它的名字叫作披头士。有一天，他们听说学校里的一些老师在课堂上组织学生讨论他们的歌曲，要解释一下这些歌曲里的歌词有什么含义。披头士们心里想：这样吧！我们就写一首谁也听不懂的歌，就连聪明的老师也听不懂。他们把这首歌命名为《我是海象》。

雌兽一旦感觉到自己有宝宝了，就会赶忙吱声。它静悄悄、孤零零地离开领地，到大海里去生幼崽。幼崽一生下来，母亲就会把它揽进自己的鳍脚里，把它带到水面上去。到了水面上，母亲会一边用鼻口部蹭着自己的宝宝，一边在心里想：你是我的孩子。而宝宝也会回蹭着母亲，心想：你是我的母亲。

海象的重量超过一千公斤，简直就像银行行长坐的大汽车那么重。它们全都是庞然大物，有着巨大的油箱。这些油箱每天都需要四十五公斤的粮食供给。而不方便的地方就在于海象没有牙齿。这样一来，它们就没法吞下一头肥美的海豹，不能一劳永逸了。是啊，大自然把一切都设计得超级复杂。

海象生下来的时候就长着牙齿。等幼崽长大了，上犬齿就会伸出嘴外。上犬齿不断生长，越来越像一对立柱，与此同时，别的牙齿却一颗接一颗地消失不见了。对于成年海象来说，渐渐地就再也嚼不了任何东西了。它们只能吸食食物，可是，海豹可不是那么容易就能吸进肚子里的。所以，它们只能去寻找更加酥软的食物。

第二个缺陷就是它们的游泳速度。这么说吧，海象等同于大海里的乌龟。所以，除非有一条乌贼落了单、没留神，半昏迷地躺在地上睡大觉，要不然，海象的肚子里不可能装进一公斤绵软美味的乌贼的。这么一来，经鉴定，海象成了海底的吸尘器。它灵敏的触须拂过沙子，要是那里有小贝壳，立刻就能感觉到。它朝着沙子吹一口气，小贝壳就会漂浮起来，被海象用嘴唇稳稳地接住。海象狠狠地吸上一口，那个软体动物被它从壳里吸了出来，而后消失在海象肚子里那个巨大的油箱里。

费了这么大的劲儿，才弄到区区几克食物。有时候，海象也会在大海底下遇到一些个头更大的东西——海参或是海星。那算是它们运气好的时候，油箱也能快一些被填满。

你一定很好奇：那些硕大的獠牙到底是干什么用的呢？嗐，太简单了：就是用来把对手戳成渣的。为了争夺雌兽，雄兽们会变得十分粗鲁。它们有着足足十五厘米厚的皮下脂肪层，可是，它们的牙齿能径直把它穿透。你要是见过雄兽互殴的话，那么屠宰场就丝毫不值一提了。只不过，为了雌兽，什么都值得，要不然，它们才不会这么做呢。

雌兽们也有同样的獠牙，每当有北极熊或者虎鲸迎上前来的时候，它们就可以用獠牙保护幼崽。除此之外，它们还把这套武器当作鹤嘴镐来用。它们把獠牙戳进冰里，借力撑起身体，爬出水面，这就是它们学名的由来。"海象"的意思就是"用牙齿走路的人"。

无休无止的捕贝壳之旅结束后，它们便时不时心满意足地在浮冰上休息一会儿。有时候，浮冰的块头比它们大不了多少。它们就这样随着海浪起伏摇摆，从远处望去，简直就是一个用冰雪做成的狗窝。

偶尔，海象们也会懒得费尽千辛万苦把一千五百公斤重的躯体弄上岸。每当那时，它们就会直挺挺地待在水里睡觉。它们会在喉咙里吹起一个鼓鼓囊囊的小泡泡，免得被淹死。有了这个装满空气的小气袋，它们就会像浮标似的，漂浮在水面上，不会沉到水底了。

　　海象在冰山的环绕下，在万籁俱寂的无人区里想入非非。不过，好景不长，它的油箱又急着要加油了。它放掉小气球里的空气，深深地吸上一口气，一头扎进水里，在海底开展第无数次深入透彻的吸尘工作。

60

旅鼠

以前，我们以为：

地球是方的；

土豆是有毒的；

菠菜是不可以加热的；

吃完饭是不可以游泳的；

还有，绝望的旅鼠们自杀时会集体从岩石上一跃而下。

唉，我们想的可真多，到现在都是这样。

但是，现在的我们已经知道，旅鼠是绝对不会从陡峭的悬崖上纵身跃下的。它们不会成百上千地蜂拥而至，一起蹦入湍急的河流里淹死。它们没有抑郁症，不会感到疲倦，也不会感到害怕。这些都是人类编出来的。他们听说了一些小道消息，然后就编出了一整个故事。

从前……迪士尼的一支电影摄制组在 1958 年制作了一部电影，讲述北极的生活。电影制作人和其他人一样，也以为旅鼠定期就会自杀，他们当然想要亲眼看看这样的场景。可是，无论他们怎么拍摄，都没能见到旅鼠终结自己的生命的情况。于是，导演从因纽特人的手里买来了一窝旅鼠，把它们摆在雪地里旋转的磁盘上。这么一来，尽管实际上只有区区那几只旅鼠，看上去却像是有成百上千只旅鼠从镜头前跑过。最后，电影摄制组派人把这些旅鼠一只接一只地从悬崖边缘推了下去。摄影机记录了它们摔得粉身碎骨的过程。当这部电影在影院上映时，一切看上去无比真实，所有人都对旅鼠会自杀这个故事的真实性深信不疑。

"是真的。"他们说。

其实，他们的意思是："真是编的。"

旅鼠是一种来自极北地区的啮齿目动物。它们中的大多数品种都可以被捧在掌心里。它们的尾巴是一根小柱子，腿短耳朵小。这一切都是为了让寒冷望而却步。

夏天，它们待在地下的过道里，冬天，则在冰雪的隧道里钻来钻去，那里恰恰比冰雪的上空暖和一点点。它们用来过冬的粮食储备被藏得好好的：有青草、苔藓，还有草本植物。只要它的天敌白鼬稍微低调一些，就可以天下太平了。

那么有关旅鼠自愿跳进水里找死的故事到底是哪儿来的呢？又是谁把这样的传闻闹得天下闻名的？

你看。

事情是这样的。

旅鼠这个小东西很喜庆，长得像老鼠，寿命不算特别长，大概也就是两年吧。不用说，在这段时间里，它还得生儿育女。它充满热情地做这件事。真的，旅鼠的繁殖速度之快就连计算器都追不上。它们的速度比光速还要快。你才眨了一眨眼，咔嚓，面前就多了一百只。

一只旅鼠妈妈一胎最多可以生十二只小宝宝。两三个星期过后，这些小宝宝自己也可以怀宝宝、生宝宝了。它们的宝宝也一样。一年之后，地底下的情况已经失控了。那里已经容不下更多的旅鼠了。它们开始大打出手。

与此同时，这成了白鼬的盛宴。它们用不着大费周章地从地底下捞口粮了，没错，旅鼠会在光天化日之下蹦到自己面前。那些白鼬充分利用这个好机会，自己也生了许多孩子，把它们喂得白白胖胖的。

在爱情方面，旅鼠比白鼬顺风顺水得多。旅鼠一年四季不知停歇，生了一窝又一窝。终于，白鼬们再也吃不下了。它们的肚皮被旅鼠塞得圆滚滚的，简直都要爆炸了，一口都吃不下了。再这样下去，整个格陵兰岛就会被入侵的小个子啮齿目动物淹没了。于是，雪鸮出手了。它们像捡小纸团一样，把旅鼠们捡了起来，就连北极狐也来凑热闹。在所有肉食动物齐心协力的努力下，旅鼠大军终于被控制住了。

然而，旅鼠趁着还没全军覆没，便动身穿越陆地，去寻找一片新的栖息地。在这场旅途中，它们偶尔也会遇到河流，每到那时，就只有一个选择：游泳。这一点正是它们所擅长的，然而，有时候它们也会失算。

好吧，曾经有人类亲眼看见过前面所说的那件事。他们眼睁睁地看着一群旅鼠跃入水中，却没能集体到达对岸。就这样，另一个故事诞生了：有时候，旅鼠们厌倦了鼠生，于是便选择集体终结生命。

所以说，事实并不是那样的。真相就是游泳能手们在对岸开启了全新的生活。

在旅鼠丰收的年度里，所有的肉食动物都会生许多宝宝。你问第二年会怎样？所有长大了的肉食动物宝宝会把整个旅鼠家族吃个精光。等到再也找不到任何一只旅鼠的时候，雪鸮和北极狐就只好拿起自己原来的食谱，靠吃黑琴鸡和野兔度日。

　　白鼬又可以独自享用旅鼠了。它要费上很大的力气，才能捕捉到一只旅鼠。毕竟，旅鼠又变成稀有动物了。不过，这样的情况不会持续很久，因为它正在地底下蓄谋一场反击战呢。想知道它的武器是什么吗？

　　当然是爱情啦。

这就是你——南极洲的能源。你本身不值一提，重要的是你体内所存的东西。作为动物，你不可能潜到更深的地方。没有人了解你。你只是大集体中的一员。简而言之，你只能存在于一群磷虾里，却没法作为个体存在。这就是磷虾的命运。

有了磷虾，世界才得以运转。没有磷虾，就没有南极。没有南极，就没有北极。没有两极，就没有赤道，就没有世界，就没有我们。啊啊啊啊啊！

磷虾是近乎所有生活在南极的动物赖以生存的源泉。从企鹅到鲸鱼，它们的生命全都依赖着这种每天都在重新拯救地球的动物。你说应该对它们多一点儿尊重？得了吧！无论现在还是将来，磷虾都只能是一种批量生产的物种。我们从来不会一只一只地数磷虾。一只磷虾？字典说：错了。磷虾宝宝？电脑说：没这个说法。

真可惜啊。

从今天开始，"磷虾"就是无数小磷虾的集合。

这个长相酷似虾的小不点儿只有你的小拇指那么大。它们应该被奉为大海里的英雄。这也就意味着，我们其实应该向每一只磷虾都鞠上一躬，总共鞠三百万亿次。对于一个维持世界平衡的动物来说，这实在太小意思了吧？

人类总是以为：噢，磷虾在南极的冰雪之下过着安逸的生活。漂漂荡荡，吃两口水藻，蜕蜕壳，生几个宝宝，然后不痛不痒地消失在某条鲸鱼的肚子里。太容易了。我们人类忍不住大声疾呼：你到底活过吗？

磷虾活过吗?!

不久之前,终于有人展开了对磷虾的研究。这位磷虾专家发现,整整六年时间,这些小不点儿不得不没日没夜地为了生存而抗争。事实上,对水来说,它们太重了。要是它们不能坚持游动的话,就会不可逆转地沉入海底。

磷虾宝宝没有鳍,却有十只脚,拼成了一把小刷子。它们必须一刻不停地划动这把小刷子,只有这样才能待在靠近冰面的地方。要是不这么做的话,它们就会以每小时 150 米的速度沉入一片漆黑之中。一连下沉两个小时之后,它们会奄奄一息。三个小时之后,它们会死。

磷虾可棒了。只要吃得饱饱的,磷虾就会蜕去包裹在身上的外壳,取而代之的是一层更宽松的外壳。其实,在动物世界里,这并没有什么特别的,不过,磷虾却是为数不多的拥有十分机动的衣着体系的动物之一。

一位磷虾专家在自己的实验室里装了两个水族箱,水族箱里满满的都是磷虾。其中一个水族箱里的磷虾总能把肚皮吃得饱饱的,而另一个水族箱里的磷虾却饿着肚皮。饱食终日的磷虾很快就开始蜕皮,换上了一身宽敞的盔甲。你也许会认为,这早就不足为奇了。可是……在另一个水族箱里,饥肠辘辘的磷虾们也开始蜕皮,磷虾宝宝们消瘦得很厉害,在空荡荡的盔甲里晃来晃去。很快,它们就甩掉了身上那层太过宽松的衣物,以全新的面貌出现在人们面前,这次,它们换上了一小号衣服。

　　磷虾专家满腹狐疑地进行测试和测量。原来，他肉眼所见的一点儿不错：磷虾懂得如何量体裁衣。在日渐消瘦的磷虾身上，唯独眼睛没有萎缩。于是，在某个清晨，这些饥肠辘辘的小不点儿瞪着写满问号的大眼睛，隔着水族箱的玻璃迎接磷虾专家的到来。专家赶忙给它们喂了一些吃的，你猜猜怎么样？蜕了两次外壳之后，它们又能穿上原来的衣服了。

　　现在该说说磷虾真实的天赋了。

　　假如它们遭到猎捕，就会成千上万地一同蜕壳！而这样的事情，每天二十四小时都在发生，就算节假日也不例外。它们会甩掉身上的盔甲，任由它们回旋着缓缓沉入海洋深处。这让

70

从前……美国国家航空航天局派遣了一支考察队前往南极。美国国家航空航天局的职能是向月球发射火箭，并且进行对太空的研究，然而，2010 年 3 月 16 日那一天，他们想要了解一下南极最厚的浮冰下到底有些什么东西。他们很确定：谁也别想在这么厚的冰层底下生存，谁也别想。他们在冰间上钻了一个 180 米深的洞，让摄影机从洞里穿过，不多久，他们就看到了一个游动的小动物。真是奇迹啊。它是一个端足类动物，是磷虾的远房表弟。通过这件事，美国国家航空航天局懂得了，就算是在某个冰天雪地的行星上，也有可能存在着某种生命。而这也成了他们如今寻找的目标。

它们的天敌大惑不解：到底哪个才是真的磷虾？与此同时，磷虾们却成群结队地离开了。是靠划动它们的脚离开的吗？不是的，是摆着尾巴向后游去。就这样，它们像离弦的弓箭一般，向后退去。

噢，你一定很想挨个儿亲一亲那些磷虾宝宝。它们的构造真是漂亮极了，就像是玻璃制成的小精灵。它们透明的盔甲下面，隐藏着微弱的光芒。那是荧光素散发出来的光芒。这么一来，就算是在暗无天日的南极浮冰底下，它们也能让彼此看得见。应该说，不仅是让彼此看得见，也让所有人都看得见。这些小东西像是在说：你好啊，世界，我们还活着！不仅集体地活着，还个体地活着！

北极
地松鼠

73

假如你不想当一只普普通通的地松鼠，而是想当一只北极地松鼠，那么你就得想一条计策来应对寒冷的冬天。单凭一身厚厚的毛皮是没用的，这一点，我们慢慢就会体会了。

它的名字已经说明了一切：地松鼠喜欢的不是大树，而是大地。它更喜欢低矮的地方。它在草丛中摸索，寻找种子、蘑菇、浆果、苔藓等等一切能吃的东西。每走几步，它就会抬起脑袋四下张望。事实上，它很受欢迎，受的倒不是其他地松鼠的欢迎，而是受狼、猫头鹰、貂熊、猞猁、灰熊和狐狸的欢迎。还有不少动物都满心期待能与这种动物来一场不期而遇的相会。这可真是令人惋惜啊，毕竟它超级酷呢。

超级酷?

你说的是松鼠?

别逗我们了。少瞎扯，还是换一种冬季动物吧。至少也编一个东北虎、北极熊或者北极狐之类的，别提松鼠这种一听到怒吼声就只会躲进自己的洞穴里瑟瑟发抖的家伙。还超级酷?去你的吧!

是真的。好好听我说。

九月到来了，北极圈附近的夏季就过去了。作为动物，能做的事情只剩下两件：要么顶着严寒，在一片漆黑的冬季中艰苦跋涉，直到崩溃；要么躲进地底下的洞穴里。这类松鼠的选择就是后者。它搜罗了苔藓、树叶和毛发，用它们搭建起一张小床，这样就大功告成了。祝大家睡个好觉，七八个月后再见。

现在，所有人一定都会想：就这么简单? 不是还有很多别的动物也都会躲起来冬眠吗?! 这个地松鼠难道就不能低调一点儿，别动不动就说超级酷吗?

别着急，先继续听我说。

首先，北极地松鼠的冬眠特别深沉，深沉得有一半的时间都陷入了昏迷，它要费上几个小时甚至几天时间，才能从梦中醒来。其次，它是全世界唯一一种能在冬眠期间将体温降低到凝固点以下的哺乳动物。

大多数需要冬眠的动物都会把暖炉调低几度，以此节约能量。而北极地松鼠却觉得这还远远不够。它的体温从 37 摄氏度降到了零下 2 摄氏度。简单说来，它几乎是把暖炉关了。这够不够酷？

谁都知道，如果血液不能循环流动，我们就没有办法生存下去。要是脑子被冻住了，智力也就留不住了。因此，北极地松鼠的皮毛下隐藏着一套超赞的机制。那是一个温度调节器，它发出指令：血液，你要恰好保持在 0 摄氏度。脑子，你们也是。心脏，一样。至于肠子嘛，睡着的时候就不需要了，可以等醒了以后再便便嘛，你就冻着吧。脚也是，反正也用不着走路。零下 1 摄氏度，没有问题。就这样，身体的不少部分都可以变得冰冷冰冷的，却不受到任何损坏。你问它叫什么名字？那就是超级冷却系统。

是不是很棒？

但是，别以为这样就结束了，我们还没说完呢。

因为三个星期之后，那个睡梦中的小家伙就会像稻草一样摇摆、抖动起来。它是不是做噩梦了？它是不是梦到自己被狼抓住了？不是的。那是另外一回事。说到底，北极地松鼠也不能无休无止地一直超级冷却下去，心脏和脑子偶尔也需要好好润滑一下。于是，这个小熟睡虫每隔三个星期就会颤抖着恢复到 37 摄氏度。

只有当身体的各个器官都充盈着血液后，它才能重新让自己降温。这样的情况会持续八个月的时间，直到它在四月底彻底醒来为止。它伸伸懒腰，离开柔软的床垫。当它小心翼翼地从洞穴里爬出去的时候，春日的阳光刺痛了它的眼睛。地松鼠嘛，你懂的，我说的是北极那个，它有四个月的时间用来填饱空荡荡的肚子，把它装得圆滚滚的。不过，还不光是这样，它还需要一个妻子，而且是急需一个妻子，它必须在冬天降临之前让至少八个小宝宝学会自力更生。

　　承认吧，这种动物的确超级酷。它们酷极了，所以我们特别想要跟它们交换一下：星期一到星期五超级冷却，只有假期和周末的时候才加加热。

　　从前……一个日本人和朋友们一起去登山，他提早动身返程，却没能回到家里。三个星期之后，人们才在一片被白雪覆盖的牧场上找到了他。他的脉搏跳得极其缓慢，体温也已经降到了 22 摄氏度，他在医院里苏醒过来。摆在医生面前的是一个谜，他们找来了一位冬眠专家，他的结论是：2006 年 10 月 7 日至 10 月 30 日之间，打越光隆先生成功地经历了一场冬眠。

北极燕鸥

别以为厚厚的毛皮、冬眠和一支防冻剂就是动物们在极地地区生存下去的唯一伎俩。没错，它们还有更多的伎俩可以避免自己被冻僵。只不过，那会费上一番力气罢了。

北极燕鸥是费力气比赛的冠军。每一年，这个身材轻巧的小鸟都会想：今年冬天，我再绕地球飞一圈吧。换作是我们人类，刚一想到这个念头就该昏倒在地，不省人事了，可是北极燕鸥却一心一意要做这件事。它是唯一一种同时生活在南北两极的动物。

它的背是灰色的，胸是白色的，脑袋是黑色的，脚和嘴是猩红色的。北极燕鸥看上去就像是一只创意鸟。它所具备的条件令地球上的其他任何生物都望尘莫及。它就像是穿着服装设计师设计的衣服去跑马拉松的运动员。只不过，这场马拉松的长度是我们普通马拉松的一千倍。为什么呢？

因为北极燕鸥热爱光芒。

从前……十一只北极燕鸥的脚上被安上了发送器。之后，研究人员惊讶地在电脑上察看了记录成果。大多数情况下，北极燕鸥每一年的飞行距离远超四万公里。它们并不是按照直线距离从一极飞向另一极，在这场长途旅行中，它们常常借助风的力量。其中一只鸟飞越的距离甚至翻了一倍，达到了八万公里。

它热爱太阳。

它热爱不见夜晚的白天。它一生都在追逐太阳。

它并不是嘴上说说而已，简简单单地从 A 点飞到 B 点。事实上，北极燕鸥从 A 点一直飞到 Z 点，从北极飞到南极，然后再飞回去。每年四万公里。天哪。

说不定是这么一回事：一旦处在黑暗之中，北极燕鸥就会感到害怕。不可能有其他原因了。要知道，它一看到星星，心里就想：该走了，离开这个地方。

离开北半球之前，它和妻子一起筑了一个巢，就在海岸线上。其实也称不上是筑巢，因为它们只是捡了几块鹅卵石，就算搞定了。孵化期将近一个月，在这期间，天空一直都是亮堂堂的。每到六月，北极的太阳从不落山，于是，它们就能把一切都尽收眼底。

燕鸥爸爸和燕鸥妈妈彼此十分了解，因为它们一辈子都待在一起。它们对左邻右舍也很了解，因为每一对燕鸥每一年都会回到同样的地方。成百上千只小鸟一同会聚在它们的聚集地。一旦有肉食动物闯进来，北极燕鸥们就会发动攻击。就连人类也不能幸免于难。因此，在聚集地里孵蛋的不仅有北极燕鸥，还有许多其他鸟类，因为"保镖"的守护给了它们十足的安全感。

哎呀，转眼就到了九月。夜晚一到，太阳就会消失在地平线上，哟哟哟，大地迎来了黑暗。凉风习习，正在催燕鸥快点儿离开这里！

82

父亲和母亲仔细看了看它们的两个孩子，要是它们发现孩子们已经做好第一段长途旅行的准备，它们就能动身了。它们也许会在半路走丢，也许不会。无论如何，明年一定会再见到彼此，老时间，老地点，拜拜！

　　为了抵达地球的另一端，它们耗费了足足四十天时间。靠着微不足道的小翅膀，它们每天都要飞越五百公里。半途中，它们会路过赤道。那里倒是暖暖和和的，只不过，太黑太暗了。每天下午，六点钟一到，亮光就灭了。想要在那里过日子，还是当犰狳好，或者当斑马也不错。毕竟，它们一半的生命都可以在黑暗中度过。而对于北极燕鸥来说，连想都不用想。它赶忙在热带水域填饱肚子，马不停蹄地继续赶路。十月底，它到达了南极洲。同样迎来的，还有太阳。太棒了，天空中再也见不到星星了。

　　三十年后，北极燕鸥永远地闭上了眼睛。直到这一刻，它的世界才真正进入黑暗。在这之前，它的翅膀已经将一百万公里收入囊中了。这个距离比飞到月亮上再飞回来还远。这么说来，它就像一块长了翅膀的太阳能面板，要不然，它怎么会有这么多精力呢？说不定这就是它的把戏——北极燕鸥不单单靠鱼活在这个世界上。

　　还靠亮光。

南极蠓

世界上有一些动物太微不足道了，甚至连一个乳名都没有。它们只有一个登记在护照上的名字，也就是正式的学名，因为它们曾经被人发现，并且研究了一番。

南极蠓也是一个可怜的家伙，尽管被一清二楚地记录在了《动物全书》里，它却没能得到一个充满爱意的名字。

在荷兰语里，它的名字听上去很像"比利时的南极洲"，就好像是一片国土的名字。只不过，它是一小片移动的国土，伸出六条腿爬来爬去。然而，南极蠓仍然是一种很重要的动物，因为它是南极个头最大的陆地动物。

其余生活在南极洲的动物都时不时就会消失在水面下，或者升到半空中。可是，要是南极蠓跟着企鹅和海豹沉入海水里，它会立刻淹死。跟随北极燕鸥一起飞行的计划也同样失败了，

从前……有一艘来自挪威的船，它的名字叫帕特里亚。它原本应当成为一艘捕鲸帆船，然而，它还没来得及起航，就被阿德里安·德·杰拉许男爵买走了。他驾驶着这艘船，前往南极，并将它命名为"比利时号"。这是史上第一支在南极过冬的探险队。"比利时号"连同它的船员一起闻名世界。不久以后，奥尔良公爵从比利时男爵手中买下"比利时号"，开启了更多的远征。第一次世界大战结束后，"比利时号"被转卖，成了一艘漂流的鱼类加工船。1940年5月，它落到英国人的手里。鱼不见了，取而代之的是军火。第二次世界大战爆发，德国人自然不容许这种漂流的军火库存在。1940年5月19日，"比利时号"在距离挪威海岸线不远的地方被炸毁。它沉没了。这艘船曾漂洋过海、周游世界，它到达了别的船从没到过的最南方，最终在距离自己出生地不远的地方长眠。

因为它没长翅膀。南极蠓生来属于陆地——千里冰封的陆地。

它的个头到底有多大？还不到一厘米。南极蠓是一种昆虫，个头和一粒巧克力豆一般大。有些人也管它叫没有翅膀的蚊子。它的寿命能达到两年外加两三个星期。

南极蠓的幼虫期足有两年，之后只剩下两个星期，让它以成虫的模样度过一生。在这段短暂的时间里，雌南极蠓和雄南极蠓必须找到对方，不能走丢。

它们共同沉醉在爱情中的时间并不长。反正这也不是它们存在的意义。这个物种必须想办法存活下去，而幼虫比成虫更容易实现这个目标。因此，只要南极蠓先生和南极蠓太太成功地繁殖了后代，它们毕生的任务也就完成了，随之而来的就是死亡。

无论动物的学名听起来多么奇怪，它们全都是有含义的。南极蠓也不是平白无故地被叫成南极蠓的。它们之所以叫这个名字，是因为这种动物是被一支比利时考察队发现的。

1897 年 8 月 16 日，一艘轮船装载着满满一船食物、工具和研究材料驶离了安特卫普港口。领队的是一位比利时男爵。他将自己的船命名为"比利时号"，带领着全体船员，一同出发前往南极。

过了整整半年，他们终于穿越了南极圈，香槟酒的瓶塞漫天横飞。真正的考察可以开始啦。船英勇地在南极洲冰冷的海水中航行，可是，没过多久，他们就被冰冷的海水困住了。

彻彻底底地困住了吗？

不是，也没那么彻底，不过，确实困了很长时间。他们的船被冻住了，哪儿也去不了。他们围着"比利时号"，凿出了一圈窟窿，可是，冰雪并没有被降伏。它在最短的时间里爬回来，攀上船头。男人们清楚地知道：这完全是徒劳。再会吧。

疾病缠上了他们，男爵得了坏血病，有几名水手疯了。南半球的夏天被冬天取代。黑暗来临，像一个盖子似的笼罩在船员和轮船的上方，岿然不动。"比利时号"在冰雪中动弹不得。

有一天，一位船员说道："再见了，我要回比利时了。"他下了船，之后，再也没有人见过他。当男爵虚弱得再也没有力气引领考察队的时候，另一个人接替了他。这个人说道："从今天开始，我们要吃企鹅和海豹身上新鲜的肉。"船员们出发狩猎，而这个行动也救了他们的命。

一年后，他们在冰面上凿出了一条河道。为了开凿这条河道，他们动用了炸药和自己最后的力量。"比利时号"终于抵达了远海，甲板上满是欢呼雀跃的男人，外加一只超级小的昆虫——南极蠓。

男人们在探索之旅中发现了它。他们不能理解，同样是没有毛皮、没有脂肪层，怎么这只光秃秃的小动物能存活下来，而他们却险些丧命？

很久很久以后，这个问题的答案才在一个实验室里揭晓。

南极蠓幼虫黑黢黢的，只有这样，它们才能在夏季里尽力地吸收光亮。它们始终挤作一团，避免水分的流失。等到冬天再度来临的时候，它们就一块儿待在小洞穴里冻着。这么一来，八个月的时间里，它们都是一坨硬邦邦、冷冰冰的蠕虫，等到夏天来了再慢慢地解冻。

也许南极蠓永远也不会有乳名。这并不是因为它微不足道，反而恰恰是因为它太珍贵了。在欧洲，比利时只不过是一个小国家而已，然而，在南极洲，它还占据着成千上万平方厘米的领土。那些全都是比利时的南极洲，还会爬来爬去。尽管没法在那里插上国旗，不过，你可别忘了：比利时比你以为的大多了。

格陵兰

露脊鲸

91

特邀嘉宾：白鲸

大海和天空中间有一条地平线。可是，它到底在哪儿？阴沉沉的天气里，北冰洋的海水和天空有着相同的颜色，一点儿看不出区别。所有的一切都灰蒙蒙的，就像老电影里那样。

想要见到北极的巨人，那可得有点儿耐心才行。它大部分时间都生活在浮冰底下。需要换气了，它就把巨大的脑袋撞向头顶上方结冰的屋顶，撞出一个池塘大小的洞来。它可以一溜烟地游走，一口气冲到远海。于是，阴沉沉的远方便会突然冒出一个庞然大物来，头上还顶着一股喷泉。想想看吧：那就是格陵兰露脊鲸——一种打破纪录数量最多的动物。

纪录？难道是它的体积最大？不对，蓝鲸才是地球上现存的体积最大的动物，然而，这个格陵兰岛来的家伙却有着全世界动物之最：最厚的脂肪层、最大的脑袋、最大的嘴、最长的鲸须、最长的寿命。

人类狂热地喜欢这种北极鲸。它肥厚的脂肪层里暗藏着一大堆油，足够点燃好几盏灯、做好几块肥皂。由于它游动的速度特别慢，所以很容易被抓住。捕鲸人驾驶着船只跟在它的身后，就像一群野蜂似的对它左右夹击，这种锲而不舍的态度使得它差点儿在一百年前消失殆尽。1914年，第一次有船徒劳无功地返回港口。格陵兰露脊鲸几乎被赶尽杀绝了。之所以说几乎，是因为当它摆脱了人类的骚扰后，这个种族又渐渐获得了新生。

对于这种罕见的动物，我们了解得很少。即便是我们所了解的部分，也主要来自死了的样本：有脑袋，有脂肪层，还有曾经被塞进雨伞和裙撑里的灵巧的鲸须。除此之外呢？它们在世界的尽头折腾什么呢？

　　假如有人去敲格陵兰露脊鲸家的门，多半会先见到它最好的朋友——白鲸。那是一种成群结队在北冰洋漫游的白色鲸鱼。这种动物快乐而又喧闹，从早到晚不停地歌唱。因此，它偶尔也会被人称为"海洋中的金丝雀"。白鲸的好奇心特别重，所以，只要你来到门口，它几乎一定会开门。你问它的巨人表亲在不在家？仔细听。没错，它在家呢。只要长了水耳朵，就能听见白鲸用深沉的语调发出叽叽喳喳的声音，就好像奶牛正在用水漱口：咕噜噜咕噜噜。

　　从前……二十世纪九十年代时，有一头格陵兰露脊鲸被因纽特人捕到了。当他们把它开膛破肚后，眼前突然出现了一柄石头鱼叉。那时，恰好有一位生物学家在场，据他所知，自1860年起，就再也没有人用过这样的鱼叉了。于是，他得出结论，这头鲸鱼在130多年前从捕鲸人的手里逃脱了。从那以后，人们捕到了更多类似的古董动物。所以，研究人员还没来得及穿着白大褂公开这则讯息，其他人就已经知道格陵兰露脊鲸的年纪有多大了。

我们常常能在一群白鲸之中找到一条格陵兰露脊鲸的身影。这两个种族并不会挡对方的道。它们一个吃鱼，另一个整天用自己巨大无比的嘴吞水。这张嘴大到能装下一艘汽艇。只不过，这艘汽艇只能有去无回了。格陵兰露脊鲸的上颌长着鲸须，有些鲸须长达四米。只要它用舌头把吸进嘴里的水推出来，它的美食就会被挡在这道坚实的窗帘后面。当然了，它的美食不是汽艇，而是磷虾。

为了维持身上的脂肪层，它每天至少要吃掉十万只小磷虾。它不得不这么做，要知道，在所有的鲸鱼当中，只有格陵兰露脊鲸无论冬天还是夏天，都衷心地守护着寒冷的北冰洋。

终于轮到最后一项纪录了——它的寿命。在一项新技术的协助下，研究人员能够从鲸鱼的眼睛探测出它们的年龄。那些眼睛来自为科学献身的鲸鱼，经过全方位的研究，它们最终变成显微镜下的标本。就这样，这个谜一样的巨人在实验室里被一点儿一点儿地揭开了神秘的面纱。

从前……一头白鲸沿着莱茵河逆流而上。它在德国和荷兰之间来来回回游了一个月。德国的一家动物园想要捕捉它，却没有成功。人们称它为"莫比·迪克"。他们站在桥上，只为了能在它经过的时候朝它挥挥手。荷兰人希望它能重新获得自由。终于，他们成功了。1966年6月16日，"莫比·迪克"从荷兰之角游回了北海的怀抱。

曾经有一头格陵兰露脊鲸，它的眼睛告诉我们，它的年龄在两百岁左右。身穿白大褂的研究人员欢呼雀跃。它们的名字出现在报纸上。原来，世界上寿命最长的动物不是大象，不是乌龟，不是鹦鹉，也不是蓝鲸，而是格陵兰露脊鲸。

　　我们偶尔也会想：真可惜啊，可惜这些友善的潜水艇只喜欢吃磷虾，对装载着欢呼雀跃的人群的轮船没什么兴趣。

豹形海豹

　　如果你读过许多有关动物的书，那么就会知道，大自然偶尔也会出些难题。谁要是觉得大自然很宁静，那么他肯定从来没有透过森林里的叶片细细地看一看。要知道，只要仔细地看一看，不仅用眼睛，也用脑子看，那么，你就会知道：大自然母亲绝对不是小可爱，完全没错，大自然母亲是大魔头。

只不过，冲着大自然发脾气也没什么用，因为她也控制不住自己。她压根没有办法。因此，你也别太在意豹形海豹的所作所为。我们不能对它加以任何限制，要不然，它会灭绝的。

它有着鱼雷一般的身材，在南冰洋的海水中穿梭着寻找食物。假如没能如愿以偿，它就会咽下一口磷虾或是一条冷冰冰的鱼，不过，要是运气好的话，它也能碰到一些温血动物，比如企鹅或是年幼的海豹。是的，你没有看错，豹形海豹连至亲的幼崽都不放过，它们吃韦德尔氏海豹、食蟹海豹，以及南象海豹。这些和豹形海豹一样，都是海豹。

虽然这种动物的名字里有"豹"字，可它却和豹没有任何关系。它的嘴里长着一排牙齿，你要是见到，一定会掉头就走。它的下颌张开时硕大，能一口咬住巨大的猎物。在这种动物面前，就连人类也不能自保。它们甚至咬破过橡皮船。从那以后，研究人员不得不采取一些对付豹形海豹的措施，避免落到冰凉的海水里。

它的脑袋扁平扁平的，像极了爬行动物，胸口有一些黑色的斑点，和陆地上的猎豹一样。你懂的，就是那个大草原上的大猫，跑起来速度比光还要快。

豹形海豹在冰块的边缘徘徊着，等待企鹅跳进水里。它耐心地绕着圈圈，直到听见自己的美餐扑通一声跳下水。它在心里从一数到十，然后便蹿了上去。企鹅们火急火燎地回到陆地上，可是，总有一只被落在后面。豹形海豹会一把抓住那只企鹅的脚，把它拖到远处。

要是能干脆利落地死去倒是好了，可是企鹅却死得不那么痛快。这一刻，大自然变成了一个大魔头，因此，企鹅被不断

从前……有一位摄影师。他想要在南极洲附近拍摄一些展现水下生活的照片。当一头雌性豹形海豹出现在他的镜头里时，他被吓得魂不附体。逃跑是来不及了，于是，他待在水里，一动也不动。那头豹形海豹嗅了嗅相机，游走了，过了没多久，它嘴里叼着一只活生生的企鹅回来了。企鹅就是那头豹形海豹献给摄影师的礼物。它以为镜头

地砸向水面，一直砸到被撕成碎片为止。直到那时，豹形海豹才会把它吃掉。尽管豹形海豹的上颌大而有力，却弄不死任何猎物。

至今为止，大自然还没找到任何办法对付这种野蛮的狩猎方式。可怜了那些企鹅和年幼的海豹。然而，只要豹形海豹摔得死那些动物，大自然也就不会着手找寻其他的办法。既然能够成功，那就没必要改良。

所以，我们可以底气十足地说：大自然是一个大魔头。
它是一座凶残的工厂，永不停歇。

是这位新朋友的嘴，于是尝试着把企鹅塞进相机的镜头里。整整四天的时间，这头雌性豹形海豹不断地尝试喂摄像师吃企鹅。接着，它又尝试教他捕猎。它甚至还现场展示怎么在水面上把企鹅撕成碎片。之后，它放弃了。这个长着诡异而又坚硬的嘴的怪家伙是绝对不可能成为一头合格的豹形海豹的。

雪鸮

哎呀呀，是啊，赤道啊。那里总是暖洋洋的。在那里，每天都可以游泳，就算半夜三更也可以。而且，那里真是五彩缤纷啊！花朵、小鸟和蝴蝶使出浑身的力气喊叫。淋雨就像是洗热水澡，原始森林里吵吵嚷嚷、热热闹闹的。

不过，有时候……有时候，勃勃的生机也会让你觉得不舒服。难怪北极和南极偶尔也会大声地呼唤："喂，赤道！嘚瑟鬼！白色到底有什么不好的？"

你会听到赤道大声地回答："白色有什么不好的？什么都不好！它太无趣了。再说，白色又冷又没人情味。"

"那又怎么样？"两极从两端异口同声地喊道，"宁愿安静点儿，也不要像你那样随时随地办庙会。"

"哈！宁愿办庙会，也不要枯燥乏味。"

"枯燥乏味？"北极回答说，"只要你睁大眼睛仔细瞧瞧，就会看见这里的生活多么多姿多彩。只不过，我不像你那么爱卖弄，成天炫耀你的鹦鹉和猴子。"

"那是因为你们嫉妒。"

"才不是呢！"两极齐声喊道。

"你那里有蚊子。"南极说。

从前……有一只雪鸮，它的名字叫"小精灵"。它受到邀请，在一部电影里扮演一个重要的角色。只不过，它必须扮演成一只雌鸟。可是，它才无所谓呢。小精灵变成了举世闻名的"海德薇"——《哈利·波特》里那只雪白雪白的雌雪鸮。

"还有蟑螂。"北极说。它们哈哈大笑起来。赤道一声也不吭。这一次，世界的半山腰前所未有地鸦雀无声。

"总算安静了，"两极你一言我一语地喊着，"我们终于能听见对方的声音了。"

咦咦咦……咦咦咦！

"那是什么声音？"南极问北极。

"你是说那个咦咦声？那是雪鸮。"

"哦？快说给我听听！我们这里没有那玩意儿。"

北极娓娓地说了起来。

"它的羽衣是洁白的，眼睛像照明灯一样黄。它是整个北方最神奇的存在。"

"继续说，北极。"

"雪鸮靠捕捉老鼠和旅鼠为生。猎物有时候多得数不过来，有时候又少得可怜。要是猎物很多的话，雌雪鸮就会在鸟巢里生下十枚蛋；要是很少的话，它就最多生下四枚蛋。它用爪子在地里刨出一个小小的坑，然后坐下来。它的丈夫站在不远处守护着它。它的脑袋像一个摄像头，四面八方地转来转去。一旦有人靠近，它会立刻上去纠缠。它总能把天敌赶得远远的，所以雪雁很喜欢挨着它筑巢。这么一来，雪鸮不仅看护着自己的雏鸟，也看护着别人的雏鸟。

"雪鸮的羽毛是全世界最浓密的。就连它们的嘴和脚也被藏得严严实实的。雄雪鸮是白色的，雌雪鸮的羽衣上有一些黑色的条纹。这些条纹使它看起来格外美丽，比丈夫还要美。一眼

看上去，这些条纹就像是有人小心翼翼地用钢笔和墨汁画上去的。每一只雌雪鸮身上的画法都不一样。但是，南极啊，它们的孩子啊！"

"怎么了，北极？"

"那些孩子奇丑无比，就像被老鼠啃过似的。雏鸟们看上去有一点儿像它们父母的食丸。你懂的，就是猫头鹰在饱餐一顿之后吐出来的那种满是毛发和骨头的大坨残渣。灰不溜秋、破破烂烂、披头散发的。"

"哦！"

"是啊，就是这样，不过，用不了多久，这些小东西就会渐渐长成有着华美羽翼的动物。趁着夜半的光芒，它们生平第一次张开翅膀，做足了试飞的准备。你一定会在心里想：快看哪，有一个小仙女飞过去了。南极，你简直不敢相信自己的眼睛！"

"天哪，北极，就连鹦鹉和大嘴鸟也不如它美吧？"

"谁也不能与它相提并论，南极。"

南极叹了一口气，说道："赤道还能听见我们的声音吗？"

"不知道啊。喂，赤道，你还在吗？你有什么要说的吗？"

……

没有，赤道没什么要说的。

窸窸窸窣窣窣，窸窸窸窣窣窣。

"你那儿什么声音，南极？"

"是企鹅的肚皮在摩擦，北极。企鹅的肚皮在冰面上摩擦。"

貂熊

　　的的确确，有些动物的的确确就是一副不存在的模样。它们把自己藏得严严实实的，成了一个谜，就连它们的自己人也这么觉得。它们的栖息地偏僻、荒凉、人烟稀少，而且大得吓人。那里几乎有一整个省那么大。那些貂熊啊，它们需要旷野。雄性貂熊最多容许三头雌性貂熊待在它的地盘上。一旦满员，这块地方就会关上大门。

先到先得！

它们的至理名言就是：人越少，越快乐。

我们人类觉得难以理解。什么样的人才会把自己隐形呢？可是，貂熊偏偏喜爱孤独。它靠吃偶然遇到的东西过活。它是极北地区的流浪汉，尽管在它生活的地方压根就没有浪，也看不见什么流动的东西。

它独自一人在厚厚的雪地里觅食，构造巧妙的脚能帮它避免陷入雪地。原来，它的脚趾之间有皮膜。除此之外，它的毛皮简直和洗发水广告里的一模一样。柔软、有光泽，表面还覆盖着一层油脂，这样一来，皮毛里面的貂熊就不会被冻僵了。

貂熊是一个多面手：它会游泳，会爬山，会跑步，既会打猎又会掐捏，既会捕杀又会打扫。无论白天黑夜，每个小时都起身一次。随时随地，想睡就睡，遇到什么就吃什么，因为随处都是它的食盆。最后一点：决定什么时候生孩子、生几个的不是雄性貂熊，而是雌性貂熊。

真能这样吗？是的，貂熊什么都做得到。

眼看冬天就要来临了，雄性貂熊便出发去找寻住在自己地盘上的那三头雌性貂熊。它才不在乎是不是回回都要走上几百公里的路。雄性貂熊来访之后，雌性貂熊并没有立即把受孕的卵子送到自己的肚子里，它没有那样做，而是让它们连同精子一起，在原来的地方舒舒服服地多待上一阵子，看看未来会怎么样。

临近春天的时候，每一头雌性貂熊都在心里想：我决定今天怀孕。想到这里，它们打开通向自己子宫的大门，扑通，扑通，扑通，三头新生的貂熊宝宝蹦进它们的肚子里。也有可能是扑通，扑通，两个。还有可能是扑通，一个。或者零个。这完全取决于四周围有多少食物。食物越多，幼崽就越多。不过，一般都没那么多。

在挪威的最最最北端、西伯利亚、阿拉斯加和加拿大那些寒冷、阴郁、寸草不生的地区，耳朵里充斥的都是雪花簌簌的声音，动物们很难找到吃的东西。为什么这种成天饥肠辘辘的家伙还能用上"貂"这个名字呢？弄得它多么高贵似的。原来是翻译错误，是从古诺尔斯语翻译过来时犯下的错误。它从前的名字叫"山猫"，音译过来却成了貂熊。

它的名字与食物无关，也与猫无关。其实，貂熊和貂鼠是一家人。只不过，它的身材略大一些，是一只超级无敌大的貂鼠，在不得已的时候还敢追狼群、杀驯鹿。

它在自己的领土上寻找可以填肚子的东西：小鸟、野兔、浆果、鹿，找到什么吃什么。只不过，很多时候，它什么东西也找不到。每到那时，它就不得不无休无止地行走，直到面前突然飘过一阵驼鹿尸体的气味。那说不定是狼吃剩的残渣。

貂熊一往无前地冲了上去。要是附近有狼怎么办？如果真有狼，它就会制造出一连串的噪声，把它们赶跑。要是狼早就离开了，而驼鹿也已经死了有些日子、浑身被冻得僵硬，那么貂熊就不得不启动它压箱底的秘密武器：张开它的血盆大颌，

从前……美洲有一群人发起了一项签名运动。他们以为貂熊的数量变得越来越稀少，眼看就要灭绝了。一组研究人员出动了，带回了一份极其简洁的报告。貂熊并没有灭绝，而是它们自己决定变得稀少。这就是对空间需求太大造成的结果。

用嘴咬住一只冻僵了的蹄子，连拉带拖，连扭带撬，连撕带砸。它的臼齿坚硬无比，能把冰冻的骨头碾碎。除此之外，它的后槽牙横在嘴里，正好可以被当成钳子使用。就这样，它的猎物被一点儿一点儿地撕成了碎片。吃剩的部分被貂熊挂在树梢上，留着以后再吃。这顿坚硬而又冰冷的大餐或许算不上是它最想吃到的美味佳肴，可是好处在于，在零下25摄氏度的环境中，肉根本不会腐烂。

这个黑黢黢的流浪汉，这个英勇而又孤寂的灵魂，它实在不应该被叫作"貂熊"，也不应该被称为"山猫"或者是拉丁语里的学名——"贪吃鬼"，而是应该有一个别的名字。什么样的名字呢？英国人是这种动物的知己，他们管貂熊叫"狼獾"。不错，这就是它：一种小狼，一种涡轮增压小狼，还没有我们的膝盖高，勇敢如熊、力大如驼鹿、狡猾如北极狐、孤独如……

……如它自己。

112

北极兔

你简直无法想象：滴水成冰的严寒里，居然会有这种毛绒玩具似的动物。然而，在格陵兰岛和阿拉斯加一年四季都千里冰封的土地上，恰恰就生活着这么一种毛茸茸的小动物。你几乎忍不住想要把它抱到腿上摸一摸。你一定很想在它的脚底下放一个热水袋，对它说：睡吧，好好睡一觉，你再也不用抖个不停了。

北极兔之所以叫北极兔，自然是有道理的。它早就习惯了在雪地里蹦蹦跳跳。它的耳朵短短小小的，这使得它看上去不像野兔，反而更像小兔子。可是，在严酷的寒冷中，长耳朵是一定会被冻僵的，所以，它让身上鼓出来的部位进化了。

它雪白雪白的，只有耳尖是黑色的，就像被烧焦了似的。可它又是被什么东西烧焦的呢？周围看不到火啊。无论阳光多么灿烂，都散发不出多少热量。雪地里有一些地方背阴，有一些地方闪闪发光，然而，在这个地方，太阳没法大显身手。它的耳尖之所以是黑的，是因为大自然想让它变成黑的。

北极兔既能独自生存，也能成群结队地生活。两种方式都可以。天气很冷的时候，它们就紧紧地挨在一起。如果落了单，它们就会在雪地里挖一个小洞穴，一连几个小时，都待在里面，紧紧地抱着脚和尾巴，一动也不动。每到那时，它们就会收起耳朵，把耳朵牢牢地贴在后背上。

它们不喜欢堆着厚厚积雪的地方，因为在那里，全身都会陷进雪地里，因此，它们总是寻找没有太多积雪的地方。只要找到那样的地方，找寻食物就会容易一些。它们伸出前腿，刨开积雪，寻找树枝、树叶和苔藓。要是雪花结了冰，在后腿的支撑下，它们会站起身来，把冰层踩碎。有时候，它们也会用大牙啃咬。没有任何东西可以阻拦这些暴脾气的棉花球。

雄兔和雌兔长得特别像，所以我们看不出任何区别来。不过，那也没什么关系，只要它们自己分得清楚就行了。初夏，雌兔在岩石或者灌木丛的后面生下小宝宝。没有洞穴，也没有巢穴，有的只是一个浅浅的小坑，它们就在那里，一动不动地守着五个灰褐色的孩子。在肉食动物的眼里，它们肯定很像几块散落的泥土。幼兔绝对不能动。谁要是敢不听话，就死定了。

北极兔是真正的猎物。几乎整个北极都没日没夜地对它们穷追不舍。你一定会想：看来，它们只能多生些孩子，确保能留几个活口了。但是，事实并不是这样。原因就在于雄兔。

你看。

嗯。

是啊。

怎么说比较好呢？

事情是这样的。

所有的雄性哺乳动物都有蛋蛋。不好意思，实在没有更文雅的说法了。这些蛋蛋嘛，就算是它们的储藏柜吧，里面装着它们的精子。如果让雄性动物的精子碰到雌性动物的卵子，就可以生出小宝宝来了。就这么简单。这一点谁都懂。

北极兔也不例外。只不过，北极兔是有底线的。夏末的某一天，它说道：到此为止，过时不候。有些雌兔生完一窝，还想生第二窝，要是那样的话，它们可得抓紧时间，要不然就晚了。九月一到，雄性的大门就上了锁，精子没了，储藏柜空了，商店关门大吉，那玩意儿锁成一团。真是这样的，原先装满果实的地方，一到冬天就空空如也了。真方便啊，毕竟这么一来，也就没什么能被冻住的东西了。

北极兔就是毛绒玩具，不过，不是让我们抱着玩的，而是让它们互相抱抱。要知道，一旦春天来临，千真万确，库存又充盈起来，店门大开，可以营业了。收银台整天都叮叮当当地响个没完。夏季很短暂，所以啊，女人们，快来啊，小崽子买一赠四。

从前……有一只北极兔被抓住了。通常，北极兔一旦被困住，立刻就会死。可这只却是一个例外。它和五头驯鹿被关在一起，总是能想到办法从栅栏里逃出去。北极兔的主人们清楚地知道该去哪儿找它，那就是两公里外的监狱垃圾堆。那里总是堆放着一些美味的剩饭。主人们进一步加固了两米高的铁丝网，杜绝了任何从底下钻出去的可能性。

然而，电话还是一次又一次地打来："您的北极兔又跑到我们的垃圾堆上来了。"主人们一次又一次地开上车去接它。有一天，他们爬上高处观望。你猜猜怎么着？北极兔在栅栏底下挖出了一条通道，像登山运动员似的钻了过去。于是，他们把脱逃艺术家胡迪尼的名字赐给了它。

南象海豹

还有一种叫北象海豹的，不过，这里就不提了。

我们是不是该说，有些动物的生存环境比其他动物更艰难？我们是不是可以这样说：麝牛生活得很不容易，可是北极燕鸥的生活容易吗？孤孤单单地往返陆地与海洋的帝企鹅，这就更别提了吧？

我们是不是能列一个世界十大最可怜的动物名单，写上最艰苦的动物种类，人见人哭？如果真有这么一个名单的话，南象海豹八成会榜上有名，甚至还会名列前茅。你一定很想知道：南象海豹到底作了什么孽，居然要承担这么严重的后果？

它们生活在南极洲附近的海洋里，几乎从不离开大海。它们没日没夜地捕捉鱼和乌贼，抽空也睡上一觉，但绝不会睡上很久，因为它们必须及时到水面上换气。

九月，雄性南象海豹和雌性南象海豹一同游上岸。胡闹的日子开始了。雄性想要多凑一些雌性来交配，可是，雌性才不愿意呢。它们爬到沙滩上，做好了生孩子的准备。雄性不得不耐心一些。交配的生活以后还会有的。

每到九月，南极洲周边岛屿的沙滩上就会变得日渐繁忙。越来越多的雌性南象海豹挺着大肚子爬上岸，为自己和宝宝寻找一个住处。雄性南象海豹也变得越来越多，个个都想要搜刮些什么。那里就像是炎炎夏日里的席凡宁根海滩，被挤得水泄不通。雌性南象海豹还试图留下一些宁静，可是雄性们全都变得丧心病狂了。这不仅仅是周围满是雌性的缘故，也有它们自己的原因。

每一个雄性都想要有至少四十个雌性伴侣。由于它们个个都是这样想的，所以只能彼此大打出手。它们挺起腰板，用颤抖的胸膛撞向对方，三千公斤脂肪对阵三千公斤脂肪。它们的喉咙里发出咆哮声，跟这一比，就连电锯的声音都变得悦耳极了。

要是这样的推推撞撞不顶用，男子汉们就会亮出它们的牙齿。它们把牙戳进彼此的脖子里，更有甚者，戳进彼此的鼻子里。毕竟，身强体壮的南象海豹有着像大象一样长长的鼻子，可以荡来荡去，只要被咬上一口，它就会血流如注。这些争来斗去的壮士们弄不死对方。它们总能留下最后一口气，因为眼看着自己快要不行的时候，落败的一方就会后退几步，逃出沙滩，滑进大海里。

获胜者咆哮着扭过身子，每到那时，它总是恰好能看见某个雄性偷偷摸摸地挤在四十个雌性中间，想要把其中一个搞到手。这么一来，它连歇口气的时间都没有了，必须立刻出手应付下一个对手。

与此同时，雌性南象海豹一个接一个地生下了宝宝。只不过，对于刚出生的小崽子来说，这个地方太不安全了。毕竟，产房门口时不时就会上演一场三吨胖子们生死搏斗的好戏。

获胜的雄性好不容易才赶跑了所有敌人，又不得不急着与它的妻子们交配，要不然，它们又要投入大海的怀抱了，一走就是十个月，那样的话，它所有的心血就都白费了。于是，它四处招揽婆娘，用自己污浊的身体压着它们，只为了让全世界最可悲的动物免遭灭绝。交配期间，它们偶尔也会失手压死自己的宝宝。

一个月后，雌性南象海豹终于忍无可忍了。它想要离开这座荒凉的小岛，离开那些占有欲爆棚的雄性。再说，它也的确该吃点儿东西了。它一声不吭地溜走了。它的孩子和其他受到惊吓的南象海豹宝宝一样遭到了遗弃，叽叽喳喳地喊个不停。它们爬到一块儿，挤成一团，共同组成了一个幼儿俱乐部。

出发去往大海之前，它们必须先学会怎么游泳，先从小池塘开始练习，然后一步接着一步地游向深处。好不容易达标了，却没有人围着它们喝彩。不过，它们也没时间考虑这个问题，它们饿了。迎接它们的下一项任务就是：怎么做到既能抓到鱼，

从前……日本的水族馆里有一头象海豹，它的名字叫美男象。它擅长马戏表演。观众们都爱死它了。它最忠实的粉丝中有一位著名的音乐家。他之所以去探望美男象，并不是因为他热爱美男象的马戏表演，而是因为他为眼前的一幕感到悲哀：这个家伙如此完美，却被迫为了取悦观众而举着水桶吐舌头。这头象海豹年纪轻轻就死去了，于是，这位音乐家为美男象制作了一张专辑，用以缅怀。音乐中充满了愤怒。因为这位音乐家心里想的是：这个动物根本不应该背井离乡，被囚禁在这里表演节目。

又能远离虎鲸和豹形海豹的血盆大口。

那么雄性南象海豹呢？三个月后，等大家都走光了，它们才离开海滩。它们的体重减轻了一两百公斤，身上增加了无数伤疤。

南象海豹生活中唯一的一丝期盼也许就是一月份吧。每到那样的夏日，所有成年南象海豹会到岸上待一小会儿，它们聚在一起，一块儿脱皮。然而，脱皮过后，它们又要孤零零地在大海上度过冷飕飕、黑漆漆的九个月。

南象海豹好可怜啊。谁愿意整天除了打架什么都不做呢？谁愿意被强迫交配、被压扁呢？谁愿意一辈子带着这么多伤疤度日呢？谁愿意？

谁也不愿意。

南象海豹就是这样，一步一步荣升到最可怜的动物名单的榜首。

因为谁也不愿意跟它们交换。

因为它们谁也指望不上。

甚至指望不上彼此。

驼鹿

它好平凡啊，默默无闻。它毫不起眼，以致差点儿被人们抛到了脑后。归根到底，它就是驼鹿——世界上最大的鹿。

它高傲地站立着，在褐色的毛皮下，雪白的脚掌尤为显眼。它的脚一年四季都是白色的，就好像永永远远被白雪包裹住了似的。雄鹿本身就是一处景观。它的下巴上长着一簇胡须。在极度寒冷的冬天，胡须会被冻掉。这没什么大不了的，只要来年秋天之前能再长出来就行了。它迫切需要这簇胡须帮它吸引雌鹿。这簇胡须一定要香喷喷的。每当交配季节来临的时候，驼鹿就会往胡须上尿尿。尿得越多，男子气越重。

雌鹿跟某一头香喷喷的雄鹿厮混上几天，直到怀孕为止。然后，它们就分道扬镳了。雌鹿自顾自离开，雄鹿则去寻找下一个配偶。这样的情况会一直持续到冬天来临的时候。

它们身上的毛皮很厚，厚得在零下 5 摄氏度的天气里躺在雪地里，仍热得喘不过气来。每到夏天，它们就会换上一身薄一些的毛皮，直到零上 20 摄氏度的时候才会喘粗气。一旦出现那样的情况，它们就会到水里降降温或者躲进凉爽的大山里。

人类曾经想要把驼鹿变成一种宠物。他们将它饲养在牧场上，为了取它的肉，顺便也挤一点儿奶。不过，他们失败了。说到底，驼鹿可挑剔了。它最喜欢做的事就是在夏日里一头扎进小湖泊里，啃食水生植物的根和叶子。除此之外，它还会嚼一些树皮和嫩枝。

这么挑剔的动物该怎么饲养呢？还真不好办呢。你很难在自家的牧场上挖出一个足以容下上百头巨鹿在里面游泳的池塘来。再说，你每天去哪里弄那么多树皮和树枝呢？

这实在太麻烦了。正是因为这样，驼鹿没有变成奶牛，没有变成绵羊，也没有变成山羊，而是重新获得了自由。

然而，人类和驼鹿一直不停地互相探访。这是因为我们数量众多的缘故。我们总是在最不可思议的地方遇见彼此。看看吧，挪威、瑞典、加拿大和阿拉斯加的报纸上常常会刊登讯息，声称又有驼鹿闯进超市了，或是某一头驼鹿到瑟德布卢姆家的充气泳池里凉快去了。

但是，我们也会过度妨碍彼此。人们迫不得已在驼鹿出没的地方立起交通指示牌，提醒过往的车辆："小心：有驼鹿！"立这些牌子太有必要了，因为驼鹿随时随地都要抢在别人前头。它过马路之前看都不看一眼，遇到环岛时横冲直撞，从来不管铁路道口和红绿灯，在街道上左右乱窜，连灯都不打。

碰见这样的路霸，开车的人们总会被吓个半死。它们偶尔也会因为躲闪不及而撞个正着。不过，无论发生什么事，驼鹿这个老好人都不会生气。除非波及幼崽，那就该另当别论了。整整一年，雌鹿都寸步不离地守护着自己的孩子，直到下一个快要出生时，才会把它赶走。雌鹿的年龄越大，生出双胞胎或者三胞胎的概率就越高。

几十万年来，这些树枝狂一直在森林里风餐露宿，最近，它们的互动范围居然扩张到了马路边。雌鹿的身旁万古不变地跟着一头幼崽，雄鹿的脑袋上顶着扶手靠椅一般的鹿角。它们全都长着大鼻子，那鼻子大得简直可以用来给我们暖手了。

所有的冬季动物都千方百计地远离人类，只有驼鹿是个例外。它们可没那么容易被赶跑。有什么好跑的呢？只要人类走进它的森林里，它就会窜到他们的路上。不仅是路上，只要它愿意，还会窜到他们的游泳池里呢。

127

从前……有一位古代的作家，他描写了地球上生活过和发生过的一切事物。他的名字叫普林尼。他在厚厚的书里记录了一种动物。这种动物酷似驼鹿，生活在斯堪的纳维亚。它的鼻子特别大，以致它只能一边吃草一边往后退，要不然，它一定会咬到自己的上嘴唇。除此之外，这种动物的大长腿没法弯曲。所以，它总是身靠着大树睡觉。

普林尼给猎人们提了一个非常实用的建议：想要抓住这种动物，就应该趁它睡着的时候把它用来倚靠的大树锯倒。只要大树一倒，这种酷似驼鹿的动物就会一起摔倒在地。一旦摔倒，它就站不起来了，因为它没有脚踝和膝盖。

北极熊

总算轮到它了。

我们已经等得望眼欲穿了。这家伙到底上哪儿去了？是不是遇到堵车了？或者是大桥不通？难不成它随着浮冰漂走了，永远也回不来了？我们渐渐在心里想：别再惦记它了。它居住的洞穴一定被冰雪封住了，它再也出不来了。可是，缺了北极熊，这本冬季动物书就失去了意义。书里的空白是任何人、任何东西都无法弥补的。因此，我们为它的到来感到欣喜。快进来，北极熊。最后这几页就留给你了。

它是极地动物中的劳斯莱斯。它如此强壮，如此孤独，如此令人难忘。而且，它还同时具备了许多其他动物身上的冬季特质。

它拥有:

和海象与一角鲸一样的脂肪层,

和麝牛与驯鹿一样厚的毛皮,

和雪鸮与北极兔一样洁白的外表,

和驼鹿一样强烈的母爱,

和貂熊与猞猁一样自得其乐的孤独,

和狼一样奇妙的鼻子,

和豹形海豹一样无情的狩猎欲望,

和地松鼠一样长的睡眠,

和漂泊信天翁一样无穷无尽的漂泊,

和帝企鹅一样的耐心,

和旅鼠一样的魅力,

和象海豹一样的游泳天赋,

别的就先不提了。

从前……2006年12月5日,一头北极熊在德国的动物园里出生了。它的母亲遗弃了它,而它的双胞胎弟弟也死了。这个小家伙的照片传遍了全世界。他们给它取名叫克努特。它在饲养员无微不至的照料下长大。克努特成了世界上最著名的熊,所有人都赶来看它。直到2011年3月19日,它在几十位观众的眼皮子底下突然死去。它转着圈,双腿一软,落进水里,再也没有上岸。有些人说,它还不如和它弟弟一同在出生时就死去。同它关在一起的母熊对它置之不理。克努特的一生是在孤独中度过的,脚下不是冰块,而是石头,心中不是熊,而是人。

北极熊是至高无上的，因为它拥有一切，什么也不缺。

它们独自生活。它们一步一步地学会自力更生。它们凭借自己强壮的身躯，在北极的浮冰上信步漫游。它们对海豹有着特殊的偏爱，因此，它们总是居住在半冰半水的地方。它们拖着沉重的步子四处游走，想要看看能不能恰好撞见一个缺心眼的活口。可是，大多数活口都是满肚子心眼。生活在北极的海豹是不可能装聋作哑地睡大觉的。一旦听到什么声音，它们就会立刻从身旁的冰窟窿里跳入水中，消失得无影无踪。

然而，北极熊才不傻呢。它们知道，海豹迟早要换气的。只要有海豹从呼吸孔里伸出鼻子，北极熊就会用锋利的爪子一把把它抓住。朝着脑袋上拍几下，它就又有东西吃了。

不过嘛，这些海豹也不傻。它们的警惕心比地球另一端的表亲们强得多。南极的海豹们没日没夜地躺在冰面上睡大觉，只要有一个呼吸孔就足够了。放眼望去，没有北极熊的身影。目所能及之处没有天敌。顶多有一头豹形海豹或是虎鲸，不过，它们是从大海里命中目标的。

是啊，北极的海豹们可就没那么好过了。尽管北极熊确实很少出没，可是只要它出现了，那么大家都得倍加小心。海豹总得时不时地浮出水面。它每一次都要换一个呼吸孔，每一次都是一场赌博，谁也不知道它能不能活着回来。

作为白雪国王，北极熊十分耐心。它会挑选一个呼吸孔，然后静静地等待。时间一分一秒地流逝。假如天空下起雪来，它就会静静地躺着不动，直到漆黑的鼻子孤零零地露在外面。身上压着这么一座雪山，想想都觉得冷，可是，这些白雪恰恰能让北极熊在漫长的等待中感到暖和一些。静静地躺了六个小时后，它听见身后传来一阵窸窸窣窣的声音。它小心翼翼地转过身，看见不远处有一头海豹正在往冰面上爬。北极熊下错了赌注。它刚一起身，海豹就消失在大海里了。

它来到下一个呼吸孔跟前，躺下来。它的脖子特别长，比其他任何一个熊族成员都长。这样一来，它就可以把脑袋伸进冰窟窿里，看看水里的情况。当然，也可以反方向看看。它也会一边游泳，一边用脑袋顶破薄薄的冰层，在地面上搜寻用来塞牙缝的东西。

北极熊迈着沉重的脚步，在呼吸孔之间徘徊。它的前腿弯得厉害。罗圈腿伴随着它的一生。这为它增加了支点。想要在冰上生活，就必须稳稳地站立起来。

时间一分一秒地过去。第二天，北极熊还是一无所获。十二个呼吸孔，出错的概率有十一个。要是这头公熊是母的就好了。那样的话，时间就不会这么难熬了。每到十一月，母熊就会在雪地里挖一个洞，躺在里面舒舒服服地睡大觉。它不会像地松鼠一样睡得那么深沉，不过，也足以让它感觉不到饥饿了。几个月后，它的两个小宝宝出生了。它们小小的，身上光溜溜的。母亲把它们舔干净，然后搂着这两个小不点儿继续睡觉。它由着它们喝奶，由着它们长大，直到春天来临，是时候出去呼吸些新鲜空气了。

但是，这头守在冰窟窿旁边的北极熊却是一头公熊。整整一个冬天，它都独自一人在冰天雪地中漫步。周围一个影子都没有，就连海豹都不出来换气了。它又躺了下来。这已经是第无数个呼吸孔了。第无数次尝试。然而，它依旧没有放弃。它没有掰着手指数日子，因为冬季就是一整个漫长的黑夜。它等啊等，等得心如磐石。

然后……

安静。

别动。

北极熊竖起了耳朵。一头海豹紧贴着水面，恰恰就在它身旁的窟窿里。这头海豹会不会……北极熊小心翼翼地抬起头。雪花从他的背上散落。呼吸孔里的水冒泡了。一头海豹浮出水面吸气。这是它此生最后一次浮出水面吸气，因为北极熊已经牢牢地把它抓住了。

北极熊偶尔也会在路途中彼此相遇。有时候，它们一同走上一段，不过，这样的情况不会持续很久。它们的道路总是渐行渐远。一串脚步向左走，一串脚步向右走，就这样，它们又再度走向无尽的孤寂。它们投入光芒的怀抱，与洁白的光融为一体，好像它们只为自己而生一样。

走吧，北极熊，离开这本书。

不要记挂我们。

不过，我们会想你的。

再说一下这个

卡斯滕·伊泽湾就是那个往十一只北极燕鸥身上绑发送器的人。

1989 年 6 月 30 日，布莱恩·巴恩斯在《科学》上刊登了一篇有关北极地松鼠的文章。

那位德国磷虾专家的名字叫乌韦·齐尔斯。他深入研究了磷虾的游泳才华以及磷虾是怎么吃东西的。

亨利·威尔马科奇和罗伊·威尔森撰写了一篇关于漂泊信天翁的研究报告，内容很是有趣：《漂泊的漂泊信天翁何时觅食》(1992)。

阿尔特·沃尔夫和克里斯·韦斯顿一同写下了《狼》(2007) 这本书，还配上了精美的照片。

把南极美露鳕送到显微镜下的两位同行是克里斯汀·库恩和帕特里克·加夫尼。

······南极

科斯蒂·布朗被豹形海豹拖入大海深处时年仅二十八岁。她原本只是沿着冰面的边缘浮潜，最后却淹死了。

那位收到豹形海豹的企鹅献礼的摄影师是保罗·尼克伦。你可以在这里找到他的概述：www.gizmodo.com/5405892/national-geographic-photographer-meets-deadly-leopard-seal

最后：你想听听驯鹿的膝盖咔咔作响的声音吗？www.taiga.net.projectcaribou/sounds/clicking.mp3

最后的最后，谢谢你们：迪克、爱德华、扬·保罗、马丁、罗比和斯蒂夫。

漆黑一片